煤矿井下人员定位系统的研究

杨思国·著

合肥工业大学出版社

图书在版编目(CIP)数据

煤矿井下人员定位系统的研究/杨思国著.—合肥:合肥工业大学出版社,2018.6
ISBN 978-7-5650-4042-9

Ⅰ.①煤… Ⅱ.①杨… Ⅲ.①煤矿—定位系统—研究 Ⅳ.①TD7
中国版本图书馆CIP数据核字(2018)第125914号

煤矿井下人员定位系统的研究

杨思国 著

责任编辑	张择瑞
出版发行	合肥工业大学出版社
地　　址	(230009)合肥市屯溪路193号
网　　址	www.hfutpress.com.cn
电　　话	理工编辑部:0551-62903204
	市场营销部:0551-62903198
开　　本	710毫米×1000毫米 1/16
印　　张	7.25
字　　数	119千字
版　　次	2018年6月第1版
印　　次	2018年6月第1次印刷
印　　刷	安徽昶颉包装印务有限责任公司
书　　号	ISBN 978-7-5650-4042-9
定　　价	20.00元

内容摘要

我国煤矿企业规模小、效益低，井下工作人员管理采用手工方式费工费时，且当出现矿井事故时，不能准确地摸清井下情况、实施有效救援，事故死亡率居高不下。研究和开发煤矿井下人员定位系统，应用先进的无线通信技术和计算机应用技术，实现煤矿井下工作人员信息化管理。相对于以前的人工管理而言，一方面降低了劳动强度，另一方面节约了人力资源成本，使井下人员管理更全面、更科学，大大提高了管理效益和管理水平。更重要的是在井下发生危险情况时能迅速报警，在抢险救援时能通过本系统了解被困人员具体位置，提高抢险救援工作的准确性，降低煤矿事故的死亡率。

在撰写本书时，本人阅读了大量的文献资料也在网络上查阅了相关的资料，了解国内外煤矿井下人员管理系统的发展现状和趋势。通过实际调研、与用户沟通以及向专家请教，对该系统做出较全面的分析和阐述。

本书第一章、第二章对煤矿井下人员定位系统形成过程中的共性问题进行阐述；第三章重点讨论定位测距的方法和定位算法；第四章、第五章、第六章是以经典的基于 RFID 技术煤矿井下人员定位系统为例，介绍从需求分析、硬件设计、软件设计到系统实现与测试的完整开发设计过程。可为初学者和一般研究人员提供一个入门的基础平台。

煤矿井下人员定位系统是煤矿安全监测监控系统和矿井通信联络系统的基础。由于三者具有通信的共性，在煤矿井下人员定位系统的基础上，可以三网合一，构成煤矿物联网信息综合系统，对煤矿的计划、生产、储存、运输、销售、财务以及矿井安全等各个环节进行全面的信息化管理。

前　言

1995年，澳大利亚芒特艾萨矿业公司开发了一种基于射频识别（radio frequency identification devices，RFID）技术的人员探测系统，该系统是煤矿井下作业人员定位系统的雏形。至今，煤矿井下作业人员定位系统仅有二十多年的发展历史。

早在1960年一些发达国家如美国、英国、德国、法国等国的科技人员开始研制矿井安全监控系统。对各采掘工作面的粉尘浓度、通风状况、环境温度和其他有害气体浓度、主要设备开停运转状态、机电负载工况、煤炭产量、人员工作地点流动、车辆位置编号识别等进行连续监测并报警；有瓦斯突出和冲击地压的矿井还加装专门的检测传感器和报警系统。这些系统都是采用计算机自动监控技术，可以实现管理人员在地面远程监控井下生产情况，大大改善了煤矿井下的生产及安全状态。但系统的功能主要集中在监测和报警上，还不是真正意义上的定位。1991年，南非德比尔公司的芬什矿山最早针对煤矿井下定位技术进行研究，开发煤矿井下矿铲运机自动测位系统。该系统原理是利用红外邻近效应技术，在煤矿周围应用标识环形网络，该网络和安装在井下顶板上的红外邻近效应探测器相连接。当配有红外发射器设备的人或车通过某探测器识别范围内时，红外线发射器向该探测器发射一个数码，该数码是此车或人的唯一识别码，进而识别码被传至上位服务器进行人员或设备识别定位。1995年澳大利亚芒特艾萨矿业公司设计了一类新型的基于RFID的煤矿井下人员探测系统，该系统使用安装在煤矿井下顶板上的监测分站，用于监控安装在每一个工作人员帽子上的无线信标，从而监控煤矿井下工作人员所在位置区域。此后，美国安菲斯公司生产的PED井下人员跟踪系统，是使用超低频信号穿透岩层传输的无线急救通信系统，已经在美国、加拿大、澳大利亚等国家的多个煤矿安装并实施。该系统实现了对井下人员实时动态跟踪定位、实时人员分布、历史人员分布、人员行走轨迹回放、考勤报表打印、互联网连接等多种作用。

我国在这一领域的起步比较晚，很多煤矿都是依靠引进国外的人员定位系统。典型的案例是国家安全公司、中国国际技术咨询公司与美国安菲公司合作在大同矿务局大同煤峪口矿安装了我国第一套PED定位系统。此外，还引进了美国的SCADA系统、加拿大的森透里昂系统等。直到20世纪90年代我国开始研制属于自己的井下人员定位系统。2003年12月上旬，我国自行研发的第一个“煤矿井下人员管理系统”在山东问世，它采用集成射频传输技术与身份数字编码、多址接入技术相结合，实现了对井下人员及车辆的动态识别。

煤矿事故的频发使得政府部门加强了对矿井下安全的监管及重视程度。2010年，国务院发布了《国务院关于进一步加强企业安全生产工作的通知》(国发〔2010〕23号)。通知要求“煤矿和非煤矿山要制定和实施生产技术装备标准，安装井下人员定位系统、矿井供水施救系统、矿井压风自救系统、安全监测监控系统、井下紧急避险系统以及矿井通信联络系统等技术装备，并于三年内完成”。国发〔2010〕23号文件是煤矿井下人员定位系统研究与应用发展阶段的分水岭。我国大量服务于煤矿的企业、科研单位等投入了很大精力对井下定位系统进行开发设计，经过近些年的努力，开发出了一系列井下定位系统并已应用于矿井。KJ系列定位系统在我国煤矿企业得到普遍应用，如常州自动化研究院自主设计开发的KJ69井下定位系统，重庆梅安森科技股份有限公司研制的KJ237井下定位系统以及专门从事矿山装备的北京凯瑟新起点科技发展有限公司开发的KJ280井下管理系统等。KJ系列系统应用的是RFID技术，从而该系列系统主要是利用惯性、无线定位技术，借助空间信息的定位引擎对矿工、采煤车辆等目标进行定位。

在国家政策和新技术的指引下，国内矿用安全设备企业得到大力发展。伴随着RFID技术、ZigBee技术、WiFi技术、蓝牙技术、超宽带无线网络技术，以及现场总线技术、工业以太网技术、计算机新技术等技术的发展和应用，煤矿井下人员定位系统得到再次发展，我国煤矿安全生产监测技术也有了很大提高，但是由于各种技术自身特点所限，在实际应用中，大多数产品还是存在很多的不足之处。由于成本、布局等原因不可能对矿井巷道实现全覆盖，因此现有的井下人员定位系统无法对人员实现真正准确的实时定位，而且由于复杂的地质和电磁环境，导致误码率及漏卡率升高。

未来煤矿井下人员定位系统发展趋势主要有以下几个方面：

(1)进一步规范专业技术标准，解决系统兼容性。

(2)同步升级研究开发软件技术,使其更加适应煤矿安全生产监控需要。

(3)监控系统应向智能化、网络化、标准化发展。

(4)向全煤矿综合安全监控系统发展。一个煤矿统一安装一套综合监控系统,其中包括:生产设备自动控制系统、工业电视监视系统、井下火灾监控系统、PLC监控、提升监控系统、煤矿环境安全监测监控、轨道运输监控系统、人员定位系统、通风监控系统等。如果将矿井各生产环节的计算机自动监控、工业电视监视系统融为一体,在地面中心站中央调度中心就可实现对全矿井各生产环境和设备的视频监视和实时控制。将信息通过计算机网络传送给矿级领导,使矿级领导在办公室通过计算机即可随时了解安全、生产、财务、人事、经营运销等各种生产及管理信息,实现全矿井信息化、规范化的统一调度、统一管理。

目 录

第一章 绪 论

第一节 研究背景

我国改革开放以来，市场经济给煤炭行业倾注了活力。随着经营主体的多元化发展、经营规模的不断扩大和开采技术的不断进步，我国煤炭产量几乎每年都有大幅度增加。1992 年我国煤炭产量为 11.2 亿吨，至 2012 年我国煤炭产量达到 36.5 亿吨，增长 2 倍多，近似为当年世界产煤量(78.6 吨)的一半[1]。由于盲目追求 GDP 的增长，只要产量和产值而不注重安全生产，我国的煤矿业事故发生率较高、因事故造成人员死亡率较高的“双高”现象。按年产煤 100 万吨计算，美国事故死亡平均值约为 0.038 人，俄罗斯事故死亡平均值约为 0.66 人，而我国事故死亡平均值达到 10 人。由此可见，我国煤炭生产的安全形势是多么严峻。近些年来，国家对煤炭生产的安全尤为重视，提出以人为本的理念，强化对煤炭生产的安全管理，加大对安全生产方针的宣传教育力度，健全和完善各项安全责任制度和安全监督制度。同时也采用了一些可行的实用的技术措施，“双高”现象有所缓解。然而，目前我国煤炭生产的事故率和死亡人数依然较高。据统计：2013 年我国煤矿发生安全事故 68 次，共造成 456 人死亡。其中重大事故 12 次，造成 197 人死亡，特别重大事故 1 次，造成 36 人死亡[2]。

减少煤炭生产的事故率和事故死亡率最直接的有效可行的方法就是在煤矿企业推广应用井下人员定位系统。该系统符合我国大、中型煤矿企业的现实状况和实际需求，为实现煤矿井下人员的电子考勤和动态管理而研制。系统采用先进的短距离无线传输技术和器件，能够有效地实现对井下人员的跟踪和监测。以实时记录井下人员身份、位置、上下井时间等最新信息为基础，应用计算机进行信息化处理。实现自动考勤，指导矿难时的紧急搜寻和实施救援，从而提升煤矿企业组织管理能力和安全管理的信息化水平。

目前，国外煤矿普遍采用类似的井下人员定位系统，对减少事故发生和事故发生后有效施救从而减少死亡率起到显著的作用。我国大型国有煤矿现在已使用类似的定位系统，但在中、小型煤矿，特别是私营煤矿，因考虑使用成本、人员素质等方面的因素，使用这样的定位系统还比较少。这就使得煤矿企业中最危险的井下成为管理的盲区。

煤矿井下人员定位系统在现阶段还没有成为通用的标准化系统，根据煤矿企业分不同的具体情况，如：企业规模、资金成本的承受能力、井下区域规模及作业人员数量等情况，来研究开发适合不同具体情况的煤矿井下人员定位系统。

第二节　煤矿井下人员定位系统发展现状

一、国内外煤矿井下人员定位系统现状

2010年，国务院发布了《国务院关于进一步加强企业安全生产工作的通知》（国发〔2010〕23号）。通知要求“煤矿和非煤矿山要制定和实施生产技术装备标准，安装井下人员定位系统、矿井供水施救系统、矿井压风自救系统、安全监测监控系统、井下紧急避险系统以及矿井通信联络系统等技术装备，并于三年内完成”[3]。其中“井下人员定位系统”是集人员跟踪定位、井下生产管理、安全预警和灾后急救于一体的综合性应用系统[4]。在矿山企业生产过程中，建设矿山“六大系统”的安全理念是非常重要的。“六大系统”的功能主要体现在预防事故的发生，并且减少事故发生后的人员财产损失，以及能够提升应急救援的效率，是建设数字化矿山安全管理的重要内容。然而，“六大系统”的技术很多采用高新信息化技术，因此还不够成熟，“六大系统”设计中仍存在某些不足。因此，在安装过程中应循序推进。要考虑矿山整体数字化建设的布局，也要考虑成本投入。人员定位系统、监测监控系统、通信联络系统是基于通信系统的共性。三大系统分开单独布线，井下布线复杂，维护不方便。为了降低成本、简化管理而建立一个集成监控系统，即集成安全监测监控、人员定位、通信联络于一体的物联网信息综合集成系统。当然，根据需要，也可以接入其他系统构成完善的信息化生产管理平台。

现阶段,国内外有大量工程技术人员和软件开发人员正在研究与开发井下人员定位跟踪系统。由于GPS信号穿透矿井上下时衰减较大,难以实现对整个煤矿井下巷道全覆盖。因此,采用射频识别技术进行井下人员定位跟踪是一个不错的选择。目前,有的采用漏泄电缆来传输定位信号的系统,还有的采用Zigbee、WiFi等技术进行人员定位跟踪的系统。在现行煤矿井下人员定位系统中既具有人员定位监测、跟踪功能、报警功能,还具有考勤管理等功能。在我国现阶段应用煤矿井下人员定位系统在大中型矿井较为普遍,而应用煤矿井下人员定位系统的小型矿井很少。

与国内相比,国外煤矿应用井下作业人员定位系统要早得多,普及率高。究其原因主要有两个方面:

1. 成本因素

统计资料显示,1996年至2001年我国煤炭产量连续五年居世界之首,而我国每口矿井平均生产规模在年产3万吨左右。这一数据在德国是280万吨,在波兰是200万吨、英国是180万吨、美国是40万吨、印度是23万吨。这些数据表明在持有先进采煤技术的国家,煤炭生产规模较大,实现了集中高效采掘,产生较大的规模效益。而在我国由于矿井规模太小,采用井下人员定位系统的经费投入占总成本的比例比较大,降低了煤矿企业的盈利能力。

2. 人员素质

我国煤矿工作人员相对其他行业企业工作人员学历层次较低、文化素质偏低。特别是井下工人的组成成分以农民工为主,流动性比较大。他们对应用井下作业人员定位系统的重要性认识不足,对设备使用技术和维护技术掌握不够。因此建立一支相对稳定的井下工人队伍,并强化员工培训是当务之急。

二、煤矿井下工作人员管理系统发展趋势

1. 相关研究工作现状

在20世纪80年代,美国、英国、德国、澳大利亚等发达国家就开始研究并应用基于无线射频识别(radio frequency identification,RFID)技术的人员定位系统[5]。RFID技术的核心是无线电大规模集成电路和计算机网络。RFID技术是通过无线电信号进行人员定位跟踪的,是非接触性的自动识别技术。由阅读器、电子标签、通信网络和应用接口等组成的RFID系统结构复杂且技术含量高。电子标签发出无线电信号,阅读器收集到信号并通过应用接口传输到网络中。应用RFID

技术的人员定位系统的发展经历了三个阶段：无源射频近距离识别阶段、有源微波远距离识别阶段、双向识别通信阶段[3]。该系统在移动目标定位跟踪、物流管理、身份识别、产品核心部件跟踪、生产统计等领域应用非常普遍，在市场中应用较为成熟的就有三十余种。目前煤矿井下应用的人员定位跟踪系统在设计和性能上都存在某些缺陷，但在保障煤矿安全生产和降低事故死亡率等方面效果十分显著。

2. 存在问题

现在，RFID 系统的应用越来越广泛，但在具体应用中我们发现 RFID 系统存在一些缺陷。①难以精确定位。由阅读器和电子标签构成的射频卡读写系统，读写距离范围不大。通过在矿井通道的一些关键卡口处安装射频卡读写系统，来对下井人员进行考勤记录，是可行的；而进行跟踪定位是不准确的，它实际上没有把人员定位在具体的一个位置点上，只能显示人员定位在一定的范围内。要实现实时跟踪和提高定位精确性，需安装大量阅读器，从而增加了设备的购置成本和使用成本。②抗干扰能力差。射频卡读写系统的通信频率较低，而低频信号容易受到外界干扰。③读卡速度慢。当有多人同时快速通过阅读器时，由于射频卡读写系统的速度慢，可能会造成漏读的现象。④如果使用有源 RFID 系统用于远距离识别，一是需要将阅读器在固定位置安装，二是对阅读器天线方向位置和电子标签 RFID 卡的方向适配也有一定的要求，因而大大地限制了系统的灵活程度。

3. 发展趋势

井下人员定位系统是伴随计算机无线网络通信技术发展而产生的一种新的系统。WiFi(Wireless Fidlity)是一种高频无线电通信技术，多种终端设备可以通过 WiFi 与网络互通互连，从而提高无线网络产品之间的互通性。连接方式是无线连接。基于 IEEE 802.11 标准的无线网络产品都可以通过 WiFi 互相连接。如将手持设备、电脑等与网络无线连接。WiFi 的系统具有传输速度较高、传输距离长、成本低、终端便携、宽带等特点[6]。基于 WiFi 的井下人员定位系统在具体应用中可利用原有的主传输通道和井下无线通信系统共用基站。因为它与基于 RFID 技术的井下人员定位系统的设备大多数是兼容的。但是基于 WiFi 的井下人员定位系统仍然存在一些缺陷：①断电时使用备用电源供电，可连续工作时间一般在 2 小时左右。系统基站供电方式有两种：一种是远端供电，另一种是近端供电。系统井下的设备全部是本安设备。当井下瓦斯超限时，属于断电范围，只能通过不间断电源(备用电源)供电。而备用电源能量有限，无法长时间持续供电。②井下作业人员配置卡待机时间不长。这是因为 WiFi 系统功率偏高，加速直流电源损耗造成的。③占用较大的网络带宽资源，且对 WiFi 网络上其他通信系统和视频产生不利影响。在井下作业人员定位跟踪的过程中，数据流是小块而多次访问的形式。相比于 WiFi 系统的较大宽带，实质上不匹配，是一种浪费。

2002 年美国、日本、荷兰和英国等发达国家的大公司联合成立 Zigbee Alliance 联盟，并于 2004 年推出 Zigbee V1.0。Zigbee 技术是以 IEEE 802.15.4 标准为基础而发展起来的无线通信技术。其特点是：①低功耗；②低成本；③低数据传输速率；④可靠性高、安全性好；⑤近距离；⑥延时短；⑦网络容量大、兼容性好[7]。在远程控制和自动控制领域应用 Zigbee 技术，可将它嵌入各种装置上构成嵌入式系统。对于工作任务周期非常短、低能耗、低花费要求且静态活跃节点及动态活跃节点都很多的无线网络是非常适合于应用 Zigbee 技术的。由于 Zigbee 是在链路层协议中建立通信链路的，基于 Zigbee 技术的井下人员定位系统可实现通信数据的逐级转发和自动组网，数据采用突发冲撞模式带路由功能，可容纳较多的节点数[8]。

Zigbee 系统采用 2.4G 扩频通信方式具有较强的抗干扰能力，但是对于井下巷道错综复杂的环境，所有区域不可能均是直线可视的，而通信信号的穿透力和绕射能力不足以保证通信不中断。如果一个通信节点发生故障，就有可能致使一定范围内的通信全部中断。

针对上述情况可以用下列几种方法提高 Zigbee 系统的通信能力：

(1)若网络传输模块通信距离为 400m，每隔 100m 布置 1 个节点，这样就能保证每个通信节点都能与前后 4 个节点进行通信，若其中任意 1 个节点因故障中断通信时，其他节点之间的通信不受影响。

(2)可按井下通风回路布置将系统通信网尽可能地布置成环形网络，当某一处发生险情，如出现塌方，则无线信号通信受阻，从塌方处无法通过。这时从环形网络的另外一端保持与系统通信继续。

(3)在井下巷道地形复杂区域，为了提高系统通信的可靠性，可利用 RS-485 总线将网络传输模块与系统相连。因为这些复杂区域(如塌方区域或井下采掘区域)，无线信号难以跨节点级连及构成通信回路。而采用有线信号连接只要通信电缆未断，即使出现塌方事故，通信链路也可以保持畅通[5]。

因此，在煤矿企业中使用煤矿井下人员定位系统，是提高煤矿生产安全性的基础。市场调研显示目前使用比较广泛的是基于 RFID 技术的煤矿井下作业人员管理系统。与其他类似系统进行分析和比较,我们认识到 RFID 技术在精确定位上存在不足之处,但是基于 RFID 技术的煤矿井下人员定位系统可以对井下动目标粗略定位和跟踪、实现井下人员考勤信息化管理和事故报警管理,能够达到煤矿井下生产管理和安全管理的预期目标。对快速指导矿井事故的救援工作,降低事故死亡率有着积极意义。随着 WiFi 技术和 Zigbee 技术的发展,应用 WiFi 技术和 Zigbee 技术改造基于 RFID 技术的煤矿井下人员定位系统,来提高通信功能,将是未来发展的方向。

第三节　研究目的与意义

在全国“进一步调整和优化经济结构、促进工业转型升级”的大背景下,高能耗、高污染、粗放型经营的小煤矿关、停、并、转,向低能耗、低污染、集约型经营升级是一个大趋势。规模化生产使得普遍应用井下人员定位系统成为可能。伴随着社会经济和社会政治的发展进步,现阶段“以人为本”成为社会共识。安全生产已成为企业生存的关键,煤矿企业应用井下人员定位系统成为必然。

目前从事井下作业的煤矿工大多数是农民工,流动性大、稳定性差。矿工下井后,他们所处的位置无法准确判断,因而造成矿难事故救援困难。针对这种情况,本系统开发设计的硬件核心是短距离无线通信技术,软件核心是数据库技术。在此基础上的图形处理技术更是为矿井管理人员呈现丰富的图表、数据等相关信息,让矿井管理人员实时掌握井下作业人员的工作位置情况以及某设定时间段内设定移动目标的行走轨迹。还可以按生产管理的需要对井下作业人员的下井时间、上井时间、下井次数等进行考勤统计。系统实时监控功能显示井下作业人员位置分布信息。在发生矿井事故时,一方面可以以此指导地面救援人员采取正确的救援方案,另一方面可为受困者选择最佳的逃生路线。这对煤矿的生产效率,保障其应急救援工作的效率的提升有着非常重要的意义。

综上所述,开发和应用井下作业人员管理系统的意义主要有三个方面:

1. 实现井下工作人员的静态信息化管理

对井下工作人员进行计算机考勤,生成日考勤信息报表、月考勤详细报表、月考勤统计报表和考勤无效数据的修改,避免人工考勤中费工费时及考勤员由于疏忽、人情造成的差错统计,提高井下工作人员考勤工作的效率、公正性和可靠性。

2. 实现井下工作人员的动态信息化管理

实时显示井下人员的分布情况、分布密度;实时跟踪矿井一些重要人员在井下的行走位置;把矿工在井下的实际行走路径在地图上沿着巷道模拟显示出来,实现轨迹回放。

3. 实现应急救援的信息化处理

通过对井下工作人员进行及时检测监控,对下井超过设定时间的人员给予警告提示,发现动目标进入禁区通过设定下井时间闸给予提示报警,并对井下人员通过电子标签的报警做出响应,按应急预案进行紧急处置。

此外,煤矿井下工作人员定位是生产管理和安全管理的技术基础。在此基础上,可以构建更为完善的综合集成监控系统。煤矿井下工作人员定位系统的研究和开发的成熟技术,也可以推广应用到其他非煤矿藏开采企业,能够在生产管理和安全生产方面发挥重要作用。

第二章 煤矿井下人员定位系统概述

第一节 煤矿井下人员定位系统的组成

一、煤矿井下人员定位系统的结构图

目前应用的煤矿井下人员定位系统不论属于何种类别，其构成都是由信号检测部分、信息收集与传输部分和数据处理与应用部分等三大部分组成，系统框图如图 2－1 所示。

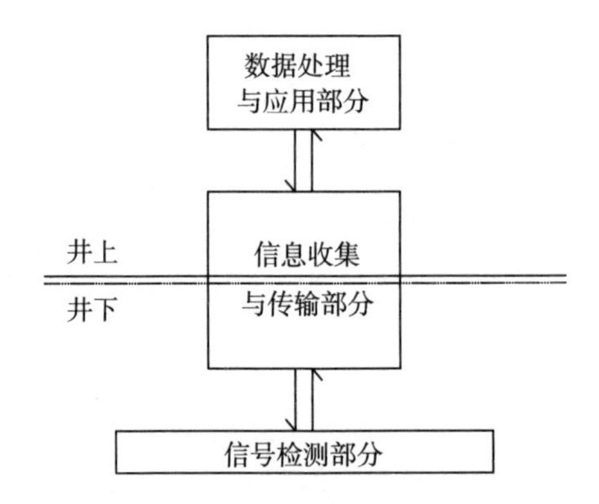

图 2－1 煤矿井下人员定位系统的系统图

二、煤矿井下人员定位系统各组成部分的作用

1. 信号检测部分

信号检测部分处于井下位置，由布置在进口及其下巷道中的传感器节点组成，

用于监测被测目标的参数。被测目标的参数通常是由其物理特征和化学特征的变量来描述的，它包括周边环境参数、设备参数、位置参数等，如温度、湿度、有毒有害气体、地压、液体的渗透值、人与物的位置和生物体征生命迹象等[9]。

在井下人员定位系统中，信号检测部分主要用于井下移动目标的位置监测。信号检测部分中传感器节点包含许多固定节点和移动节点。固定节点用来接收被测信号，通常布置在井口及井下巷道关键位置。固定节点的位置和数量对系统的性能有重大影响，特别是对测量位置误差的影响。值得注意的是，并不是固定节点布置得越多越好。固定节点太多既增加了成本，对减小测量误差也不会有太大改进，甚至适得其反。要根据不同矿井的具体情况和不同传感器的性能特点选择合适的固定节点数量和安装位置。移动节点是被测目标，具体指井下工作人员、移动设备和车辆。矿井地质地理情况复杂，井下工作环境恶劣，若采用有线通信，线路容易损坏，造成系统可靠性降低，且有线设备携带不方便，所以固定节点与移动节点采用无线通信的方式。

2. 信息收集与传输部分

信号检测部分监测到的信号需要从井下传输到地面，这部分任务由信息收集与传输部分来完成。信息收集与传输部分是转接信号检测部分和数据处理与应用部分的桥梁。信息收集与传输部分的作用是收集信号并做初步的信息处理，然后将数据传送到地面计算机系统。数据传送是通过有线通信的方式。

3. 数据处理与应用部分

数据处理与应用部分是一个计算机局域网，它由服务器、控制中心监控终端、路由器，连接网线和接入局域网各种终端设备组成。它的作用是接收井下传送的信息数据，并按用户需求进行信息数据处理，实现各种监控功能。数据处理与应用部分体现了先进的计算机技术和信息技术在煤矿井下工作管理的应用。

第二节　系统开发的关键技术及系统分类

一、煤矿井下人员定位系统开发的关键技术

煤矿井下人员定位系统开发的关键技术是与系统的组成紧密关联的。信号检测部分的设计开发的关键技术是无线通信技术，信息收集与传输部分的设计开发

的关键技术是信息网络技术，数据处理与应用部分的设计开发的关键技术是计算机应用技术。

现代计算机和信息技术飞速发展，新技术层出不穷。计算机和信息技术的发展和进步对煤矿井下人员定位系统性能提高和功能拓展起到积极的作用。本书不对计算机和信息网络技术进行阐述，仅就无线通信技术做一般性介绍。

无线通信技术是煤矿井下人员定位系统开发的前端技术，是整个系统的基础。其技术指标在很大程度上决定系统的性能指标。由巷道和开采工作面组成的狭长的线型和平面型空间较小，短距离的无线通信技术可以很好地应用于这种狭长型空间的数据传输。近年来，随着无线通信技术多样化的发展，许多不同类型的短距离无线通信技术由于其自身特性，已经在井下人员定位技术领域得到广泛应用，以下就对几种无线通信技术进行介绍和分析。

1. RFID 技术

无线射频识别技术 RFID(Radio Frequency Identification)是通过无线射频的方式，在无须接触的情况下进行双向通信，是一种自动识别技术。通过阅读器发射无线射频，人或者设备身上所带有的电子标签被感应到时，即可进行信号采集、数据传输和交换。整个过程中，无须操作，并且适合于不同环境中的应用。

RFID 技术由于其自身的高便捷性，已经应用于众多的自动化监控管理领域，例如高速公路的自动收费系统 ETC(Electronic Toll Collection)、汽车交通监控、食堂的饭卡、住宅小区门禁卡等。RFID 技术的硬件主要由电子标签、阅读器、计算机管理系统三部分构成，如图 2－2 所示。

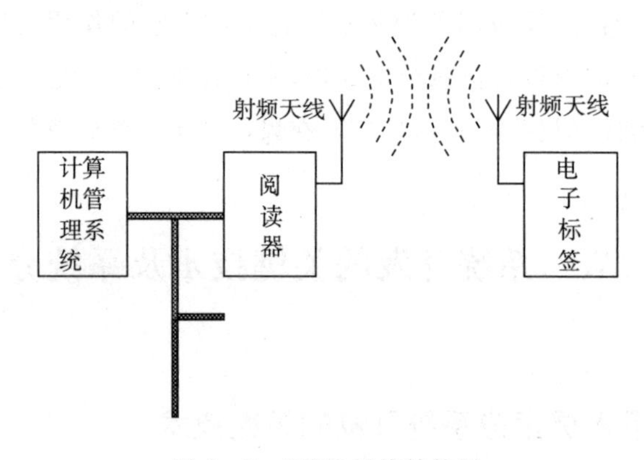

图 2－2　RFID 系统结构图

(1)电子标签：电子标签是由芯片、耦合原件和内置天线构成。电子标签内部有一个唯一的电子识别编码，同时标签内可存储数据，可进行数据读出/写入操作。标签由人员或移动设备随身携带，可连接射频信号进行通信。电子标签分为主动式标签和被动式标签。被动式标签为无源标签，其内部无电源，当阅读器发出无线射频信号时，会产生电磁场，当被动式标签进入电磁场中时，其内部的耦合原件感应电磁场产生能量，即可与阅读器进行通信。主动式标签为有源标签，其内部有电源供电，可主动与阅读器通过无线射频信号通信。相比之下，主动式标签能主动发出信号，并且通信距离更远，但是使用寿命短，需要经常补充能量，因此其主要应用于远距离的物品检测等方面。而被动式标签可长时间使用，并且无须电源，成本低，但是感应距离由阅读器的信号强度所决定，自身存储量也较小。

(2)阅读器：也叫询问器，是用来对 RFID 标签进行读出/写入操作的设备。作为 RFID 系统中最基础的设备，是由信号处理模块、无线射频模块和串口通信模块构成，在与电子标签连接上之后，信号处理模块对标签内采集到的信号进行调制解调，识别出电子标签内的电子信息，从而可以识别目标对象。阅读器可设计为固定式阅读器和手持式阅读器，都是通过串口通信传输数据至控制中心，由管理人员进行数据处理，并对整个系统进行控制。

(3)计算机管理系统：与阅读器直接通信，主要是把阅读器上传的数据进行处理，由用户控制，包括各类应用软件等。

RFID 系统的工作原理为：阅读器发出高频率的无线射频信号，当电子标签进入高频率电波产生的电磁场之后发生电磁感应产生感应电流，从而被激活，并将电子识别编码以及存储的数据信息发送到阅读器，阅读器在接收到信号之后进行调制解调操作，获得目标对象的信息并上传至控制中心，由计算机管理系统的用户进行数据处理，再由用户发出指令对阅读器进行设置等操作。

RFID 技术主要有以下特点：

(1)信息读取便捷。当目标对象进入感应范围内，无须其他操作即可自行识别，同时感应灵敏，识别过程迅速，可对高速的移动目标识别。

(2)信号抗干扰能力强。由于数据量少，传输的信息不多，而且信号传输过程短，因此有很强的抗干扰能力。

(3)使用寿命长。电子标签卡基本上处于密封状态，能够防水、防尘、防磁等，在各类环境下都能正常工作。

(4)安全性。由于电子标签卡可以附在不同类型的目标上，并且可以对无线传输过程进行加密保护，标签内的电子信息也具有对应唯一性，只有对应的阅读器才能识别标签，因此安全性较高。

(5)应用价值高。阅读器识读电子标签很简易，只要标签进入感应范围即可读取信息，并且一个阅读器可在同一时刻感应多个电子标签。

2. ZigBee 技术

ZigBee 技术是一种基于 IEEE 802.15.4 标准的网络协议，是一种低功耗的短距离无线通信技术。ZigBee 特点在于短距离、简易、低功耗、自组织、低数据速率。此外，ZigBee 可嵌入各种类型的设备，包括传感器模块、存储模块等。

2003 年，国际 ZigBee 联盟通过了 IEEE 802.15.4 标准。近年来，随着 ZigBee 技术的发展，国际 ZigBee 联盟于 2012 年 4 月通过了 ZigBee LightLink，它有着 ZigBee 网络的固有优势，实现了基于 IEEE 802.15.4 标准的无线通信技术，并且被确定为全球 ZigBee 技术的共同标准。ZigBee 协议从上到下分别为应用层(APL)、网络层(NWK)、传输层(TL)、媒体访问控制层(MAC)、物理层(PHY)等。其中物理层和媒体访问控制层使用 IEEE 802.15.4 标准，传输层、应用层、网络层使用 ZigBee 联盟的 ZigBee 标准。图 2-3 为 ZigBee 结构图。

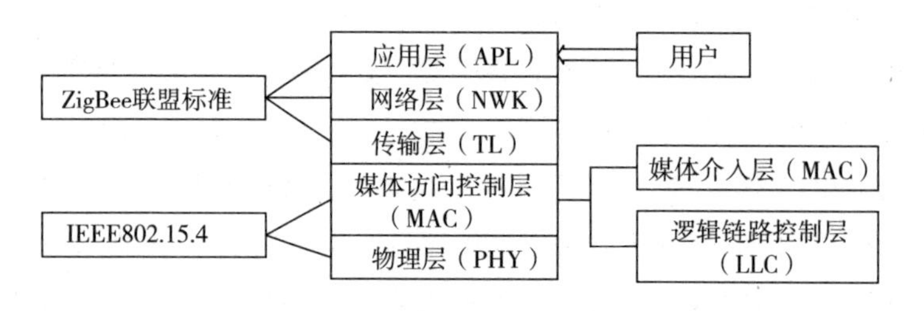

图 2-3　ZigBee 结构图

根据 IEEE 802.15.4 协议，媒体访问控制层分为媒体介入层(MAC)和逻辑链路控制层(LLC)两部分，而传输层的无线通信模块可以实现节点之间的信息传输。为了提高信号传输时的传输效率，MAC 层在传输前对信道进行检查时，会产生电磁场，当被动式标签进入电磁场中时，其内部的涡合原件感应电磁场产生能量，与阅读器进行通信。主动式标签为有源标签，其内部有电源供电，可主动与阅读器通过无线射频信号通信。相比之下，主动式标签能主动发出信号，并且通信距离更远，但是使用寿命短，需要经常补充能量，因此其主要应用于远距离的物品检测等方面。而被动式标签可长时间使用，并且无须电源，成本低，但是感应距离由阅读器的信号强度所决定，自身存储量也较小。

3. WIFI 技术

WiFi(wireless fidelity)技术是基于 IEEE 802.11 标准的一种无线通信技术。由于 WiFi 技术的传输速率很快，并且通信距离较长，能够覆盖大面积的区域，目前大部分应用在家居生活当中，通过连接互联网进行网络资源共享。WiFi 已经在人们生活和工作中占有不可或缺的地位。WiFi 网络的组成非常简便，是由智能终端的无线网卡，通过 WiFi 通信，连接到一个无线访问接入点(Access Point，简称 AP)，AP 连接有线架构的互联网，从而使得智能终端可以便捷地访问互联网，共享网络资源。其中整个无线通信过程为智能终端的无线网卡与 AP 的通信，同时，无线网卡之间也可以互相访问。

IEEE 802.11 标准是由 IEEE 制定的无线通信局域网标准，是用来实现局域网内的移动终端与有线架构的无线连接。目前 IEEE 802.11 标准主要有三种：IEEE802.11 b 标准、IEEE 802.11 g 标准、IEEE 802.11 a 标准[10]。基于 IEEE 802.11 系列标准的无线网络智能终端之间都可以通过 WiFi 技术互相通信，并且通过有线架构与互联网相连，因此，WiFi 技术在 WLAN 中占有重要地位，大大提高了 WLAN 的使用便捷性。

IEEE 802.11 系列标准对物理层、媒体访问控制层(MAC)和网络层进行了定义，其中 MAC 层采用了 CSMA/CA 协议，CSMA/CA 协议在发送数据前会对网络进行检测，看其是否可用，避免两个或更多的智能终端设备需要传输数据时网络发生冲突[11]。网络层则采用 TCP/IP 协议进行互联网访问。

WiFi 技术的主要特点如下：

(1)建立网络简单方便。无须进行布线，降低成本的同时也保证传输质量，并且无线网络也便于管理和维护。

(2)通信距离长，覆盖面较广。在简单开放的环境下，WiFi 的理论通信距离可达到 300m 左右，在复杂封闭的环境下，WiFi 的通信距离也可达到 100m 左右。

(3)传输速率快。根据 IEEE 802.11b 标准，WIFI 的最高通信速率可达到 11Mb/s，适合高速传输数据的业务，也满足个人和社会信息化的要求，同时也是受到广泛应用的重要原因。

(4)可靠性很高。在智能终端连接网络时会进行协议和数据包的连接确认，保证传输质量和速度，同时可对数据进行加密保护。

4. Bluetooth 技术

蓝牙(Bluetooth)通信技术是由蓝牙联盟所提出的一种无线通信技术标准，有着通信距离短、成本不高的特点。蓝牙技术是以 IEEE 802.15.1 标准为基础进行点对多点的组网连接。一般来说，蓝牙技术针对于智能终端之间以及智能终端与互联网之间进行无线通信，但是一个智能终端最多只能同时配对 7 个智能终端。蓝牙的通信频率与 ZigBee、WiFi 的通信频率一样，也是在 ISM(Industry Scientific Medical)2.4GHz 频段通信。蓝牙技术的传输距离最多只有 10m，通信距离非常短。因此，蓝牙的功耗很低，寿命较长。目前蓝牙技术大多数应用于手机、音响、耳机等智能终端，此外由于其便捷廉价性，所以在信息家电、汽车电子、游戏玩具、卫生等领域应用较多。

蓝牙技术的主要特点如下：

(1)通信距离短。由于其工作功率较小，通信距离较短，只适合覆盖面积小的短距离无线通信。

(2)节点容量小。最多只能 8 个蓝牙设备组网连接，因此不适合大范围多节点组网。

(3)传输速率不高。由于通信距离短，并且传输数据量少，无须很快的传输速率。

(4)功耗低，寿命长。蓝牙技术的功耗很低，单个蓝牙设备的功耗在 mW 级。

(5)成本低。对信号传输速率要求不高，模块成本低。并且协议非常简单，并且通信协议免费(ISM2.4GHz)。

5. UWB 技术

UWB 技术，又称超宽带技术，是一种利用纳秒(ns)至皮秒(ps)级的非正弦波窄脉冲进行数据传输的无载波通信技术。UWB 技术通过在较宽的频谱上传输极低功率的信号，因此其数据传输速率在 10m 的通信范围内可达到数百兆，比无线 LAN 的带宽超出数百倍。因此，作为一种新发展的高传输速率的无线通信技术，美国联邦通信委员会(Federal Communications Commission，简称 FCC)对超宽带进行了定义：指信号 -10dB 的绝对带宽在 500MHz 以上或者相对带宽 B_r 大于 20%，该相对带宽 B_r 为

$$B_r=\frac{f_H-f_L}{(f_H+f_L)/2} \tag{2-1}$$

式中：f_H 是指 UWB 的上限频率；f_L 指 UWB 的下限频率。

UWB 技术的工作频段在 3.1～10.6GHz 之间，所以其频谱也比较宽，并且由

于其超高的传输速率，目前已经在精准探测、智能家居、室内通信等方面得到许多应用。

UWB 技术的主要特点有：成本和功耗较高、数据传输速率高、穿透力和多径分辨力强、安全性和定位精度高、结构简单、系统容量大、通信距离短等。但是 UWB 技术还不太成熟，应用面也比较窄。

从技术参数上来看，五种无线通信技术的参数对比见表 2-1 所列。

表 2-1　五种无线通信技术对比表

无线通信技术	RFID 技术	ZigBee 技术	WIFI 技术	Bluetooth 技术	UWB 技术
传输速率	1Mb/s	20～250kb/s	50Mb/s	20～250kb/s	40～600Mb/s
传输有效距离	最多可达 100m	75m 以内	理论距离 300m 以上	10m 左右	30m 左右
定位方式	区域定位	区域定位	区域定位	区域定位	精准定位
工作寿命	几年	几年	几天	几小时	几小时
系统成本	较低	最低	较高	较低	最高
网络容量	较大	最大	一般	最少	较少
定位精度	30～50m	5～50m	5～20m	10m	30m 以内

从表 2-1 可以发现，UWB 技术由于其成本最高，功耗最大，传输速率最快，因此适合于有电源补充的高速传输的网络组建。蓝牙技术虽然时间延迟较短，成本较低，寿命较长，但是由于其网络容量最小，最多只能组建 8 个蓝牙设备的网络传输，并且扩展性差，在井下人员定位系统的大型系统中很难发挥作用，因此只适合小型的个人局域网的互联。WIFI 技术虽然传输速度较快，扩展性强，并且通信距离远，但由于系统成本较高、功耗也较高，不适合井下长寿命、低能耗、低成本的要求，适合有电源供应的大型网络传输。RFID 技术在成本、功耗、寿命等方面都较为满足井下人员定位系统的需要，但是由于 RFID 技术并不具备无线通信功能，无法精确定位工作人员或设备的所在位置，只能知道一个大概的区域，因此目前只是作为不成熟的井下人员定位系统建设的一种过渡技术。而 ZigBee 技术有着成本最低、功耗最低、扩展性好的总体优势，并且响应时间迅速，在 30ms 以下，网络容量大，最多可达到分布 65536 个节点进行监测定位，因此，ZigBee 技术是最适合井下对于成本低、功耗低、寿命长的要求，并且其较低的传输速率也能够满足井下人员

定位系统的传输要求。

二、煤矿井下人员定位系统的分类

1. 按无线定位技术进行分类

根据五种无线定位技术的优缺点，结合煤矿井下人员定位系统的需求、技术指标、成本因素等方面综合考虑，目前应用的主要有基于 RFID 技术的煤矿井下人员定位系统、基于 ZigBee 技术的煤矿井下人员定位系统、基于 WIFI 技术的煤矿井下人员定位系统。

(1)基于 RFID 技术的煤矿井下人员定位系统

从矿山井下人员定位系统的要求上来说，基于 RFID 技术的人员定位系统可以实时掌握井下工作人员和设备的动态分布，可完成考勤管理的任务，但是 RFID 系统并不具备无线通信功能，并且无法精确定位工作人员或设备的所在位置，只知道一个大概的区域，因此无法完全满足井下人员定位系统的要求。

(2)基于 ZigBee 技术的煤矿井下人员定位系统

基于 ZigBee 技术的无线人员定位系统，具有自组网、通信协议完善、低成本低功耗、抗干扰能力强等优势，但是在目前 ZigBee 仍处于发展阶段，在节点密度不够的情况下，其定位精度、路由协议等方面仍然不够，需要对其关键技术进行深入的研究。

(3)基于 WIFI 技术的煤矿井下人员定位系统

基于 WIFI 技术的无线通信定位系统传输速率高、扩展性强，不仅能传输监测数据，同时还可以传输音频数据等，增强井下的管理水平，功能强大。但是 WIFI 信号在井下的特殊环境下所受干扰较大，并且功耗较高，寿命短，成本低，因此也无法完全满足井下人员定位系统的要求。

Bluetooth 技术的无线通信系统，由于其节点容量低，最多只能同时配对 8 个蓝牙终端，很难满足井下人员定位系统的要求。UWB 技术的无线定位系统，其优势也较为明显，具有极高的传输速率，超强的穿透能力，使得该项技术将有很大的发展。但是目前由于 UWB 技术较为新颖，并不够成熟，无法完全应用到井下人员定位系统中去。

2. 按软件开发的架构分类

煤矿井下人员定位系统也可以按照软件开发的架构进行分类，通常有基于 C/S模式的煤矿井下人员定位系统和基于 B/S 模式的煤矿井下人员定位系统两类。

(1)基于 C/S 模式的煤矿井下人员定位系统

C/S 模式即客户端/服务器模式。C/S 模式是一种两层结构的系统,第一层在客户机上安装了客户机应用程序,第二层在服务器上安装服务器管理程序。在C/S模式的工作过程中,客户机程序发出请求,服务器程序接收并且处理客户机程序提出的请求,然后返回结果。

C/S 模式有以下特点:

① C/S 模式将应用与服务分离,系统具有稳定性和灵活性。

② C/S 模式配备的是点对点的结构模式,适用于局域网,有可靠的安全性。

③由于客户端实现与服务器端的直接连接,没有中间环节,因此响应速度快。

④在 C/S 模式中,作为客户机的计算机都要安装客户机程序,一旦软件系统升级,每台客户机都要安装客户机程序,系统升级和维护较为复杂。

(2)基于 B/S 模式的煤矿井下人员定位系统

B/S 模式即浏览器/服务器模式,是一种从传统的两层 C/S 模式发展起来的新的网络结构模式,其本质是三层结构的 C/S 模式。在用户的计算机上安装浏览器软件,在服务器上存放数据并且安装服务应用程序,服务器有 WWW 服务器和文件服务器等。用户通过浏览器访问服务器,进行信息浏览、文件传输和电子邮件等服务。

B/S 模式有以下特点:

①系统开发、维护、升级方便。每当服务器应用程序升级时,只要在服务器上升级服务应用程序即可,用户计算机上的浏览器软件不需要修改,系统开发和升级维护方便。

②B/S 模式具有很强的开放性。在 B/S 模式下,用户通过通用的浏览器进行访问,系统开放性好。

③B/S 模式的结构易于扩展。由于 Web 的平台无关性,B/S 模式的结构可以任意扩展,可以从包含一台服务器和几个用户的小型系统扩展成为拥有成千上万个用户的大型系统。

④用户使用方便。B/S 模式的应用软件都是基于 Web 浏览器的,而 Web 浏览器的界面是类似的。对于无用户交换功能的页面,用户接触的界面都是一致的,用户使用方便。

第三章 定位技术研究

从上一章的表 2 - 1 可以看出，采用任何一种无线通信技术对井下移动目标进行监测，监测到的目标节点位置的误差是比较大的，不是真正意义上的精确定位，当前普遍应用的全球定位系统 GPS(Global Positioning System)的定位精度较高，是热门的定位技术，但 GPS 信号无法穿透岩层和矿层，因而不适用于井下移动目标的定位。

在煤矿井下人员定位系统中目标节点的位置信息是最基本的信息，对系统性能和功能有重要影响。为实现精确定位，在无线网络节点中嵌入定位功能模块，如德州仪器公司（TI 公司）的 CC2430、CC2431、CC2530 等芯片，它的主要功能就是将本身的坐标位置(X,Y)，以及它所接收到的信号强度（RSSI）值通过无线网络系统发送给定位节点[12]。现有的无线网络中节点定位机制分为基于测距（Range - based）的定位算法和基于非测距（Range - free）的定位算法两大类，前者需要测量邻近节点间的绝对距离或方向，通过利用节点之间的实际距离，计算目标节点的位置；后者不需要测量邻近节点间的绝对距离，而是需要利用节点间的估计距离计算节点位置。

第一节 井下人员定位测距的方法

应用基于测距的定位算法首先要采用一定的测距方法来测量出目标节点到参考节点的距离，才能计算出目标节点的位置坐标。常用的定位测距方法主要包括接收信号强度 RSSI（ReceivedSignal StrengthIndication），到达角度 AOA（Angle of Arrival），到达时间 TOA（Time of Arrival），到达时间差 TDOA（Time Difference of Arrival）等，利用这四种方法可测量出未知节点和参考节点之间的相对距离。

一、基于 RSSI 的定位测距方法

基于 RSSI 的定位算法是利用某种电磁波信号损耗模型估算距离的技术。其基本原理如下：已知发射信号强度，记录接收节点收到的信号强度，两者的差即是传播损耗，然后把损耗值代入相应的模型即可得到距离[13]。在实际应用环境中，由于电磁波信号存在反射且会受到多径传播、非视距、天线增益等干扰，从而导致传播损耗值相比于利用理论模型计算出的值有较大的误差。因此，在实际情况下，常会选用如下经验公式作为测距模型：

$$P_d = P_{d_0} + 10n\lg\left(\frac{d}{d_0}\right) + \varepsilon_\sigma \tag{3-1}$$

式中：$P(d)$是经过距离 d 后的路径损耗(dBm)；$P(d_0)$是在参考距离 d_0 上的接收信号强度(dBm)；d_0 表示参考节点与基站间的距离，依据环境而定，通常在室外取 1km 或 0.1 km，在室内取 1m；n 表示传输路径长度与损耗的比例因子，一般为 2～5 之间的数值；ε_σ 是标准偏差为 σ 的零均值高斯随机变量[14]。

由公式(3－1)即可计算出接收节点与发射节点之间的距离：

$$d = d_0 \times 10^{\frac{P_d - P_{d_0} - \varepsilon_\sigma}{10n}} \tag{3-2}$$

二、基于 AOA 测距方法

AOA 是基于到达角度测量的测距技术，测距的原理是多个发射节点经过天线感知接收节点的信号方位，估计出发射节点和接收节点之间的角度，再利用位置的估计方法求出目标节点的坐标[15]。

图 3－1 是基于 AOA 测距方法原理图。设参考节点 A 的坐标为(X_1, Y_1)，参考节点 B 的坐标为(X_2, Y_2)，目标节点 U 的坐标为(X, Y)，目标节点 U 测出与参考节点 A 之间构成的角度为 Φ_1，目标节点 U 测出与参考节点 B 之间构成的角度为 Φ_2。那么通过表达式(3－3)可以算出目标节点 U 的坐标(X, Y)。

$$\begin{cases} \tan\varphi_1 = \dfrac{Y - Y_1}{X - X_1} \\ \tan(\pi - \varphi_2) = \dfrac{Y - Y_2}{X - X_2} \end{cases} \tag{3-3}$$

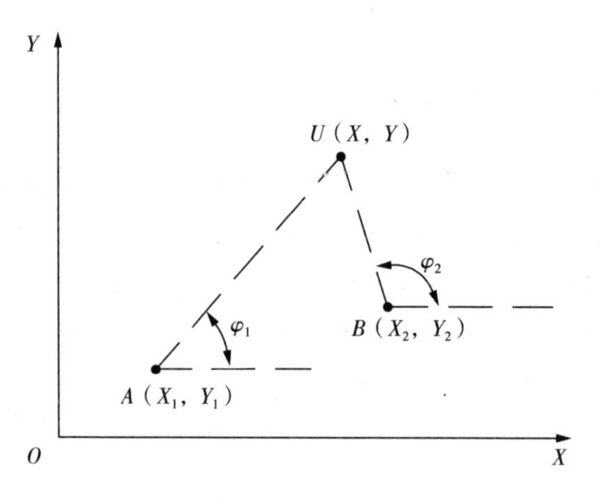

图 3-1　基于 AOA 测距方法原理图

虽然 AOA 测距技术能精确地测出未知节点的坐标及未知节点相对参考节点的方向，但是 AOA 测距技术容易受到外界噪声及多径衰落等因素的影响，因此需要增加硬件系统及价钱很高的天线设备。

三、基于 TOA 测距方法

基于信号到达时间的 TOA(time of arrival)方法是较早的一种用于测距定位的算法。它的原理为：已知节点发送信号的传播速度，依据需定位的目标节点接收到参考节点发送的信号所需要的时间(即无线信号在两个节点间的传播时间)来计算节点间的距离，进而确定目标节点到参考节点的距离，并最终计算出目标节点的位置信息[16]。如果电信号传播速度是 V，参考节点 A 的坐标是(X_1,Y_1)，目标节点 U 的坐标是(X,Y)。假设参考节点 A 发送电信号的时间是 T_1，目标节点 U 接收电信号的时间是 T_2。那么，由公式(3-4)即可算出参考节点 A 与目标节点 U 之间的距离 S。

$$S=V(T_2-T_1) \tag{3-4}$$

该方法相对简单，为了计算信号的传播时间，收发信号的两个节点都需要记录信号发送和接收的时间，这就要求节点间的时间精确同步。在短距离的测量中，由于无线信号的传播速度非常快，时间测量上几微秒的差值就会带来大范围的数据偏移。因此，测距精度取决于时间精确度，这就要求节点具有非常精确的同步时钟。该测距方法可以做到较高的定位精度，但实现该技术的设备一般都很昂贵，成本很高，适用范围存在一定的局限性。

改进的 TOA 测距方法是由参考节点 A 发送电信号，目标节点 U 接收电信号后将反馈信号发送至参考节点 A。假设参考节点 A 发送电信号的时间是 T_1，接收反馈信号的时间是 T_2。那么，由公式(3－5)即可算出参考节点 A 与目标节点 U 之间的距离 S。

$$S=\frac{V(T_2-T_1)}{2} \tag{3-5}$$

该方法消除了计时时刻同步误差的影响，但计时误差仍然是影响测距精度的重要因素。

四、基于 TDOA 测距方法

TDOA 是根据测量信号到达时间差的测距技术，基本思想是发射点向不同的接收点同时发出两种信号，如无线信号和超声波信号。依据两种信号具有不同的传播速度，同一个参考节点接收信号存在时间差，可计算出目标节点与参考节点之间的距离[17]。

图 3－2 是基于 DTOA 测距方法原理图。假设无线信号和超声波信号同时向外发送的时间是 T_0，无线信号和超声波信号的传播速度分别为 V_1 和 V_2，接收节点测量这两种信号到达接收端的时间分别为 T_1 和 T_2。

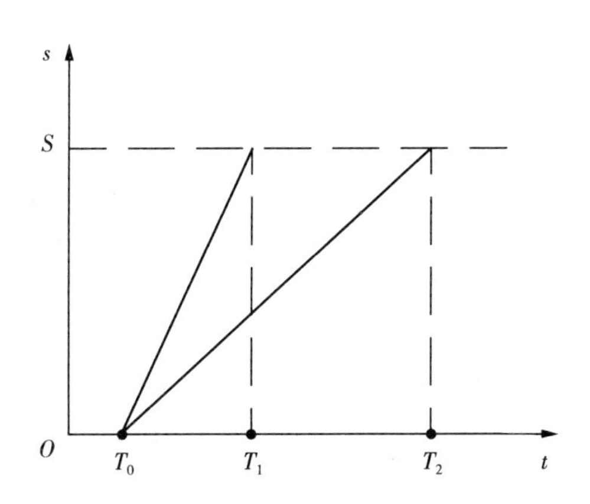

图 3－2　基于 DTOA 测距方法原理图

那么，发射点与接收点的距离为 S 可以通过以下方程计算得出：

$$\begin{cases} S=V_1(T_1-T_0) \\ S=V_2(T_2-T_0) \end{cases} \tag{3-6}$$

将方程组(3-6)式中的 T_0 作为中间变量，化简得：

$$\frac{S}{V_2}-\frac{S}{V_1}=T_2-T_1$$

则距离 S 可表示为：

$$S=\frac{T_2-T_1}{\frac{1}{V_2}-\frac{1}{V_1}}=\frac{V_1V_2}{V_1+V_2}(T_2-T_1) \quad (3-7)$$

虽然 TDOA 技术不需要未知节点与参考节点在时间上同步，比 TOA 技术更具有市场推广性，但每个参考节点的接收时间必须同步，因此对设备要求也十分高。TDOA 测距技术受矿井下复杂环境的影响，超声波的有效传输距离大概在30m左右，因此需要数量巨大的传感器节点才能满足精确定位的要求，这增加了设备成本的投入。

五、定位测距方法的性能分析

每种定位测距方法都有其优点和缺点。评价定位测距方法的性能，可以从定位精确度、功耗、硬件基础及成本三个方面讨论。

1. 定位精确度

对于人员定位来说，能否精确地定位目标是定位技术的关键，也是评价其好坏的主要因素。定位精度的主要评价指标是定位误差。

2. 功耗

在无线传感网络中实现移动目标定位，要考虑的一个最重要的因素就是功耗。因为在实际应用中，网络的节点几乎都是依靠电池供电，而电池的寿命是有限的，频繁地更换电池降低系统的可靠性，不是理想的定位技术。因此必须降低功耗。

3. 硬件基础及成本

有的定位算法对硬件的要求很高，如 TOA、TDOA 定位技术，对节点的时钟频率有着极高的要求，价格不菲。AOA，每个节点需要配备而外的天线。高昂的硬件成本可以带来精确的定位结果，但这也导致了这些技术不能普遍应用所有领域。低成本的定位技术也受到了很多领域青睐。

表 3-1 是依照上面的定位测距方法的性能指标，对 RSSI、AOA、TOA、TDOA 四种定位测距方法的性能评估和比较结果。

表 3－1　定位测距方法性能比较

定位测距方法	定位精度	功耗	硬件要求
RSSI	一般	较小	低
AOA	高	一般	高
TOA	较高	较大	高
TDOA	较高	较大	高

TOA 定位技术的定位精度较高，但它对设备的要求也非常高，需要节点有极为精确的时钟精度，设备间的时钟精度能否同步是定位误差的关键。高精度的设备一般都比较昂贵，如此高成本的定位技术目前很难在我国的煤矿安全领域推广，实用性一般。

TDOA 定位技术是 TOA 定位技术的改进版本，可以通过信号到达的时间差值修正部分定位误差，相比 TOA 的定位精度要更高一些。但该技术与 TOA 技术一样对测量设备有着严格的计时精度要求，所以它往往应用于价格敏感度比较低的领域，如军事领域、航空航天领域等。其中 GPS 卫星定位多采用 TDOA 定位技术，由于卫星的时钟非常精确，可以满足该技术在设备方面的需求。但由于井下人员定位环境特殊，GPS 定位往往只能进行二维空间人员定位，而且工作人员配备 GPS 模块功耗很大，同时信号难以穿过地面，使定位工作无法完成，不适用于井下三维空间定位。虽然 TOA 和 TDOA 的定位精度都比较高，可以满足绝大多数领域的定位需求，但由于其高昂的成本，所以限制了它在低成本领域的发展。

AOA 定位技术由于其只需要测量信号的到达角度，没有不确定性，所以定位精度非常高。但它需要信标节点配备额外硬件设备天线，这种天线需要超高的灵敏度和空间识别度，可以精确地测量目标节点发射信号到达参考节点的角度。同以上两种定位技术一样，虽然定位精度让人满意，但超高的成本很难让其得到广泛的应用。

RSSI 定位技术由于信号强度容易受到外界环境的干扰，导致其定位精度一般，而且测距误差往往随着测量距离的增加而增大。但该技术不需要硬件设备额外的硬件支撑和特殊要求，所以硬件成本很低，易于实现。在无线传感器网络中，可以直接从传感器获取 RSSI 值，不需要增加任何硬件，只依靠软件平台就可以完成定位工作。最重要的是可以通过优化测距方法和定位算法达到提高定位精度的目的。

上述定位测距的方法测量出目标节点与参考节点之间的距离或方向，是确定目标节点位置坐标的第一步。后续还需要采用一定的算法来计算目标节点位置坐标。现有的无线网络中节点定位机制分为基于测距的定位算法（Range - based）和无须测距的定位算法（Range - free）两大类，前者是以定位测距为基础，通过测出邻近节点之间的距离或方向，计算目标节点的位置坐标；后者不需要测量邻近节点间的绝对距离，而是利用节点间的估计距离计算节点位置。

第二节　基于测距的定位算法

基于测距的定位算法在定位目标节点的位置坐标时，首先要测量目标节点与参考节点的间距或者是目标节点与参考节点的方位。测量方法在上一节已做系统介绍。需要测量目标节点与三个或更多的参考节点的距离或角度位置关系，更多的参考节点与目标节点位置关系的数据参与运算能得到更高的定位精度。根据所测得的距离或角度，计算目标节点的位置坐标的计算方法基本包括三边测量法、三角测量法、极大似然估计法。

一、三边测量法

三边测量法的思想是：已知一个目标节点到多个参考节点的距离，将求目标节点的坐标问题转换成求解多个相交圆的交点问题。圆心是参考节点的坐标，目标节点与参考节点之间的距离为圆半径，通过相交圆的交点即可获知未知节点的坐标。

三边测量法如图 3 - 3 所示。节点 A、B、C 是参考节点，参考节点坐标分别表示成 $A(X_1,Y_1)$、$B(X_2,Y_2)$、$C(X_3,Y_3)$，参考节点与目标节点之间距离分别是 S_1、S_2、S_3，假设移动的目标节点坐标是 $U(X,Y)$。

则有(3 - 8)的式子：

$$\begin{cases} S_1^2=(X-X_1)^2+(Y-Y_1)^2 \\ S_2^2=(X-X_2)^2+(Y-Y_2)^2 \\ S_3^2=(X-X_3)^2+(Y-Y_3)^2 \end{cases} \tag{3-8}$$

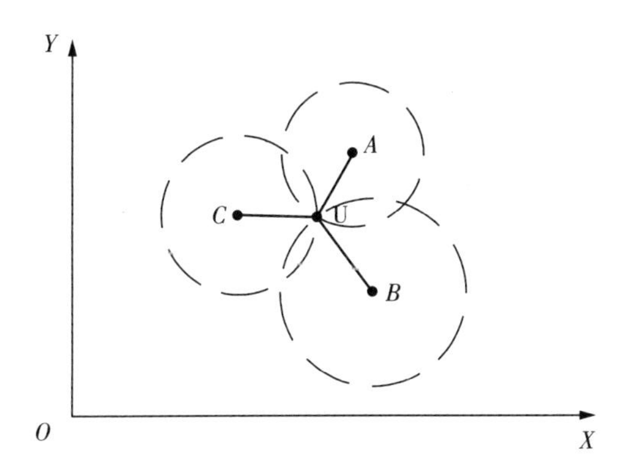

图 3-3　三边测量法定位

$$2\begin{bmatrix} X_2-X_1 & Y_2-Y_1 \\ X_3-X_1 & Y_3-Y_1 \end{bmatrix}\begin{bmatrix} X \\ Y \end{bmatrix}=\begin{bmatrix} S_1^2-S_2^2-X_1^2-Y_1^2+X_2^2+Y_2^2 \\ S_1^2-S_3^2-X_1^2-Y_1^2+X_3^2+Y_3^2 \end{bmatrix} \tag{3-9}$$

由式(3-9)可求出目标节点的坐标为：

$$\begin{bmatrix} X \\ Y \end{bmatrix}=\frac{1}{2}\begin{bmatrix} X_2-X_1 & Y_2-Y_1 \\ X_3-X_1 & Y_3-Y_1 \end{bmatrix}-1\begin{bmatrix} S_1^2-S_2^2-X_1^2-Y_1^2+X_2^2+Y_2^2 \\ S_1^2-S_3^2-X_1^2-Y_1^2+X_3^2+Y_3^2 \end{bmatrix} \tag{3-10}$$

三边测量法的原理简单，基本思想很容易理解，但过于理想化。现实井下测距过程中因为障碍物、灰尘、硬件能耗以及用于测距相关的装置本身的仪器误差，致使目标节点到参考节点的间距存在的误差，三个圆不相交于一点，经常出现方程组无解的情况，也就使得三边定位失败。因此需要其他的定位技术辅助处理，估算出相对合理的位置作为目标节点的坐标。

二、三角测量法

三角测量法在定位目标节点时需要三个参考节点 A、B、C，并且这三个参考节点满足：A、B、C 三点围成的三角形包围目标节点，如果检测目标节点没有被包围，则重新选择参考节点，直到满足所组成的三角形包围未知节点为止。当满足这一条件时，运用三角测量法进行定位计算。三角测量法的原理图如图 3-4 所示。

已知 A、B、C 三个参考节点的坐标分别为(X_1,Y_1)、(X_2,Y_2)、(X_3,Y_3)。目标节点为 U 的坐标为(X,Y)。已应用 AOA 测距方法算出$\angle AUB$、$\angle BUC$、$\angle CUA$。由节点 A、B 以及$\angle AUB$ 可以确定圆 1，其圆心为 O_1。设圆心 O_1 坐标为(Xo_1, Yo_1)，圆 1 的半径为 r_1，$\angle AO_1B=\Phi$，$\Phi=2\pi-2\angle AUB$。

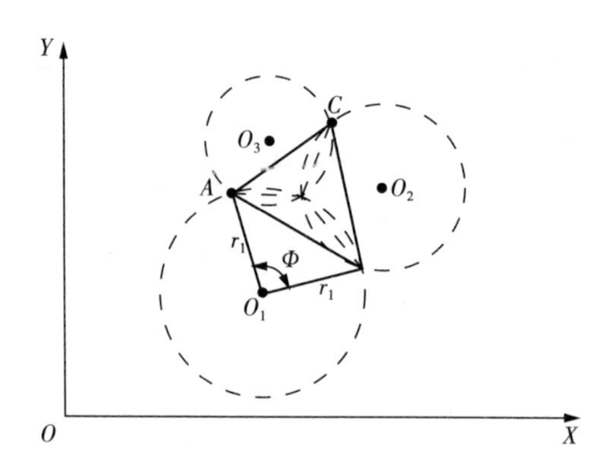

图 3-4　三角测量法原理图

则有以下计算式：

$$\begin{cases} r_1^2=(X_1-X_{O1})^2+(Y_1-Y_{O1})^2 \\ r_1^2=(X_2-X_{O1})^2+(Y_2-Y_{O1})^2 \\ 2r_1^2(1-\cos\Phi)=(X_1-X_2)^2+(Y_1-Y_2)^2 \end{cases} \tag{3-11}$$

由以上公式可以求出圆 1 的圆心 O_1 的坐标（Xo_1，Yo_1）和其半径 r_1 大小，同样的方法可以求出圆 2、圆 3 的圆心坐标 O_2（Xo_2，Yo_2）、O_3（Xo_3，Yo_3），以及半径 r_2、r_3 的大小。由图 3-4 可以看出 $O_1U=r_1$、$O_2U=r_2$、$O_3U=r_3$。这样将 O_1、O_2、O_3 三个圆心作为参考点，已知参考点的坐标，以及各参考点到目标节点的距离，就可以用三边测量法计算目标节点的位置坐标。三角测量法相比较而言要比三边测量法的复杂性增加了不少，因此在现实应用中一般不采用三角定位法，而选择三边测量法。

三、极大似然估计法

当参考节点的数量足够多时，可以采用极大似然估计方法求解目标节点的位置坐标。该方法是将丈量距离和估算距离之差最小的节点位置作为目标节点的方位。图 3-5 表示一个极大似然估计法示意图，第 i 个参考点坐标是 $A_i(x_i, y_i)$，假设目标节点 U 的坐标是(x, y)，目标节点到各个参考节点的距离为 s_i，则有下面的式子：

$$s_i^2=(x-x_i)^2+(y-y_i)^2 \tag{3-12}$$

整理后得：

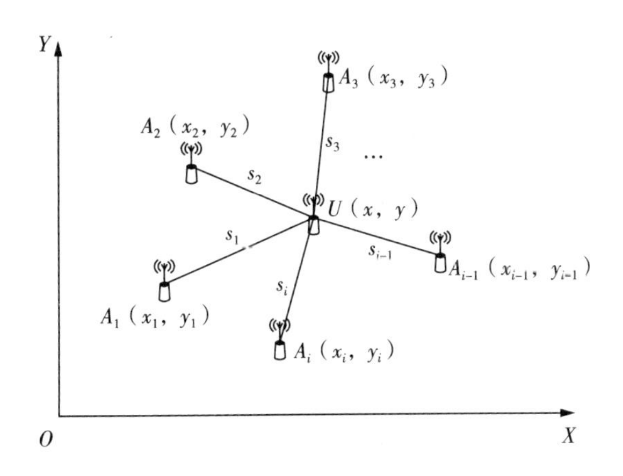

图 3-5　极大似然估计法原理图

$$x^2+y^2-2xx_i-2yy_i=s_i^2-x_i^2-y_i^2 \tag{3-13}$$

当 $i=1$ 时有：

$$x^2+y^2-2xx_1-2yy_1=s_1^2-x_1^2-y_1^2 \tag{3-14}$$

将式(3-13)减去式(3-14)则有：

$$2(x_1-x_i)x-2(y_1-y_i)y=s_i^2-s_1^2+x_1^2-x_i^2+y_1^2-y_i^2 \tag{3-15}$$

将式(3-15)用矩阵形式表示：

$$\boldsymbol{AX}=\boldsymbol{b}$$

其中，

$$\boldsymbol{A}=\begin{bmatrix}2(x_1-x_2) & 2(y_1-y_2)\\ \vdots & \vdots \\ 2(x_1-x_i) & 2(y_1-y_i)\end{bmatrix},\boldsymbol{X}=\begin{bmatrix}x\\ y\end{bmatrix},\boldsymbol{b}=\begin{bmatrix}s_2^2-s_1^2+x_1^2-x_2^2+y_1^2-y_2^2\\ \vdots \\ s_i^2-s_1^2+x_1^2-x_i^2+y_1^2-y_i^2\end{bmatrix} \tag{3-16}$$

通过最小平方误差估计能够解出 U 的坐标为：

$$\boldsymbol{X}=(\boldsymbol{A}^{\mathrm{T}}\boldsymbol{A})-1\boldsymbol{A}^{\mathrm{T}}\boldsymbol{b}$$

极大似然估计方法需要估计大批的参考节点才能估计出比较精准的未知节点的位置，而过量的估计导致传感器节点消耗的能量较大，系统资源消耗过重。

第三节　基于非测距的定位算法

基于测距的定位算法虽然能够实现比较精确的位置定位，但必须首先测量出目标节点与参考节点的距离，无疑要求系统的硬件配置高，计算量大[15]。无须测距的定位技术由于没有测距环节，减少了系统硬件上的投资和设施的布置，因而也得到一定的推广和应用。以下具体介绍三种常见的基于非测距的节点定位算法。

一、质心定位算法

参考节点将自身的位置信息和表示参考节点位置的标识号每隔一段时间向外传输，目标节点根据接收到的参考节点的信号数目以及定位节点位置组成一个多边形，并以此多边形的质心作为自己的估计位置[18]。

质心算法示意图如图 3－6 所示，在二维平面内，存在 n 个参考节点密集地分布在目标节点的周围第 i 个参考节点的坐标是 $A_i(x_i, y_i)$。

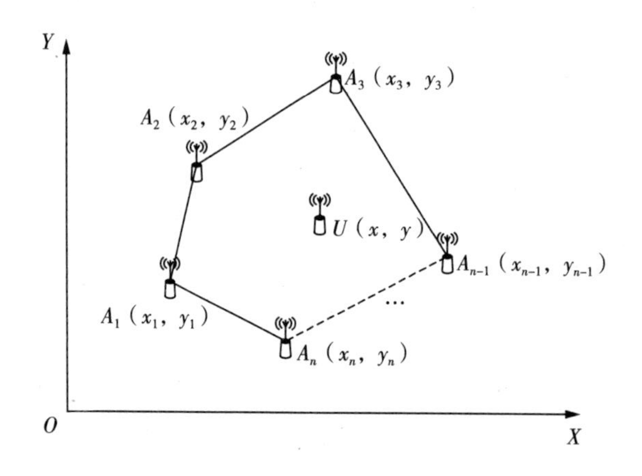

图 3－6　质心算法原理示意图

对于目标节点 U 的坐标为(x, y)，通过质心算法估计出的未知节点表示如下：

$$\begin{cases} x = \dfrac{\sum_{i=1}^{n} x_i}{n} \\ y = \dfrac{\sum_{i=1}^{n} y_i}{n} \end{cases} \tag{3-17}$$

在质心算法中，不管参考节点与目标节点距离远近，所有参考节点影响未知节点的作用是相同的。然而这种思想在几何分布上不合适，未知节点距离参考节点越小，越应该靠近参考节点。此外，该算法定位精度与参考节点密度影响相关，虽然通信开销小，但在参考节点密度低的网络中受到限制。

二、APIT 定位算法

APIT 定位算法理论基础来源于最佳三角形内点测试法，也就是近似三角形内点测试法。基本思想是基于判断目标节点在一个三角形内部还是外部来进行定位计算的。如图 3-7 所示：假设目标节点 U 检测到 n 个定位参考节点，那么从中任取三个节点，一共有 P_n^3 种方法。假设对于其中一组三个参考节点（分别记为节点 A、B、C）所组成的一个三角形，假定目标节点 U 沿着某一个固定的方向运动：

（1）此时如果目标节点 U 在三角形内部时，那么针对组成这个三角形区域的三个参考节点，目标节点 U 在运动时，必定是有相对靠近的参考节点，也有相对远离的参考节点。如果目标节点 U 在三角形外部，那么目标节点 U 必定同时靠近或者远离这三个顶点。根据目标节点 U 是否同时靠近或者远离这三个参考节点，确定目标节点 U 是否在这一三角形区域内。

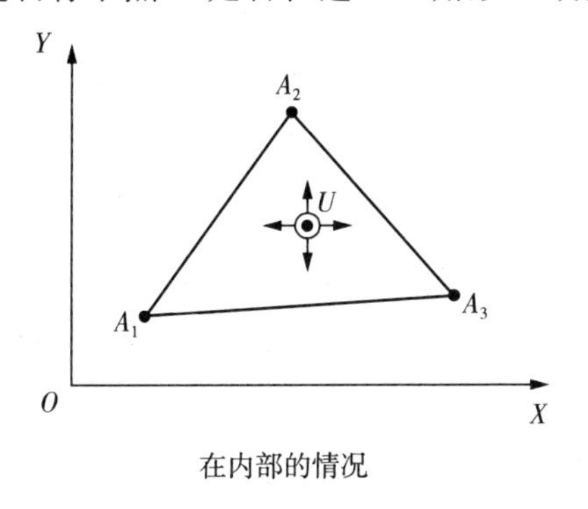

在内部的情况

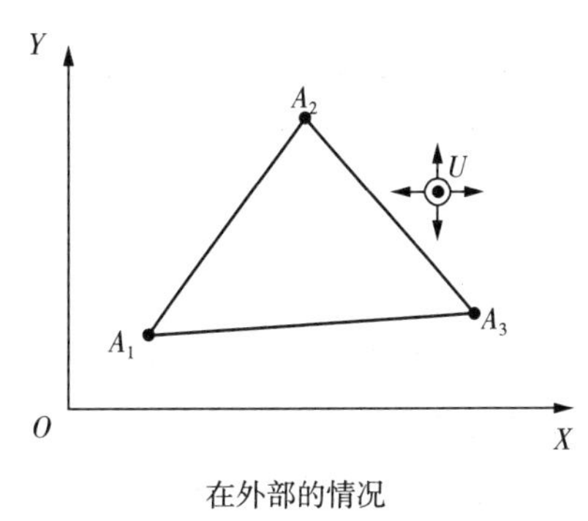

在外部的情况

图 3-7　APIT 测试示意图

(2)将所有 P_n^3 个定位三角形小区都进行判断后,将包含未知节点的三角形做出,将这些三角形重合频率最高的区域作为最终的定位小区,然后利用质心算法估计目标节点的位置坐标。

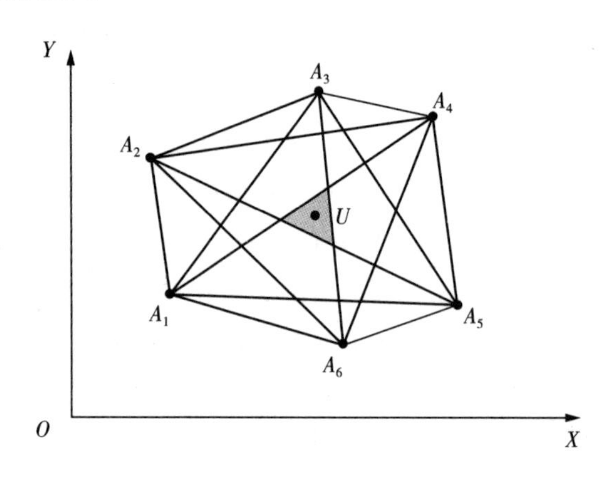

图 3-8　APIT 算法示意图

不过这一算法在计算过程中如果目标节点处于三角形一条边的边缘,会产生边缘效应误差,导致定位偏差很大,甚至错误。这一算法适用于井下参考节点部署较多的较大规模定位系统,参考节点越密集,此算法定位越精确,同时,定位节点较多时,目标节点与参考节点进行频繁的通信,计算量很大,导致系统能耗较大、对系统的计算能力和存储能力都有较高的要求。而且在应用中,参考节点的数量往往有限,致使 APIT 算法的应用受到限制。

三、DV-Hop 定位算法

APS(AdHoc Position System)是 Dragos Niculescu 等人依据 GPS 定位的原理和距离矢量路由提出来的一类定位算法,DV-Hop 是此类定位算法中比较经典的一种。DV-Hop(Distance Vector-Hop),即距离向量—跳数定位算法。这一定位算法的基本思想是:首先测量分布在两个参考点之间的由目标节点构成的多跳网络的跳数,然后估算出每一跳的距离,进而可估算出每个节点的位置信息[19]。DV-Hop 算法是将距离矢量路由协议的算法和 GPS 原理结合起来。DV-Hop 算法可分为四个部分:

(1)参考节点在一段时间内不停地向周围发送一个消息包,消息包中有参考节点的坐标和跳数的参数。根据距离路由矢量原理,保存目标节点到每个参考节点的最小跳数；

(2)估算参考节点到每个参考节点之间的平均每跳距离；

(3)根据未知节点的最小跳数和平均每跳距离相乘估算出到参考节点的距离；

(4)采用基于距离的定位计算方法计算未知节点的位置。

DV－Hop算法网络部署成本低，环境适应性强。DV－Hop算法采用平均每跳距离代替直线距离，增大了计算误差。另外，DV－Hop算法只能在网络连通性较好时，才准确估计出节点的坐标。

四、定位算法的评价指标

在无线传感网络的定位算法，如何对其性能进行评判，对网络的可行性有着直接的影响。常见的评价指标有以下几点。

1. 定位精度

对于一个人员定位系统，最重要的就是其定位是否精确，人员的实际位置与上位机显示出来的位置是否一致。因此要在考虑成本的同时，尽可能提高定位的准确度。

2. 定位范围

不同的定位算法的最佳定位范围不尽相同，有可能是一栋楼房，一个小区或者仅仅是一间房间。需要定位的区域不同，选择的算法也就不同。

3. 参考节点密度

参考节点就是在无线传感网络中节点位置已知的点，它通过人工部署或是全球定位系统来实现定位，并通过参考节点来定位移动节点。使用人工部署会使网络无法大规模拓展，影响网络规模，而使用全球定位系统又会使成本大大增加，因此参考节点的密度对网络定位算法性能有很大影响。

4. 节点密度

在无线传感网络中，布置的节点越多，则系统的定位准确度也就越高。另一方面，布置节点的数目越多也就意味着系统成本越高，还有可能引起节点间的通信冲突和时延等问题。

5. 功耗

要在无线传感网络中实现定位，要考虑的最重要的因素就是功耗。因为在实际应用中，网络的节点几乎都是依靠电池供电，而电池的寿命是有限的，因此必须降低功耗。

6. 成本

任何设计成本都是必须要考虑的重要因素，成本的高低一定程度上决定了这个设计的使用范围，但是成本又常常与质量、精度等成反比，因此成本也是评价定位算法的一个重要指标。

第四章　煤矿井下人员定位系统的需求分析

系统需求分析是系统软件开发或系统软件改造的第一项活动，其主要任务是：一是对待开发的软件系统进行需求定义和需求分析；二是以需求分析为基础建立一个需求模型。本章从系统需求分析步骤出发，介绍煤矿井下人员定位系统主要功能需求分析，以及系统主要业务流程分析。

第一节　系统需求分析步骤及主要业务流程分析

系统需求分析是系统软件开发或系统软件改造的第一项活动。其主要任务是：一是对待开发的软件系统进行需求定义和需求分析；二是以需求分析为基础建立一个需求模型。在对煤矿井下作业人员管理系统进行需求分析时，需要严格按照软件开发需求分析步骤进行分析。系统需求分析步骤如图 4－1 所示。

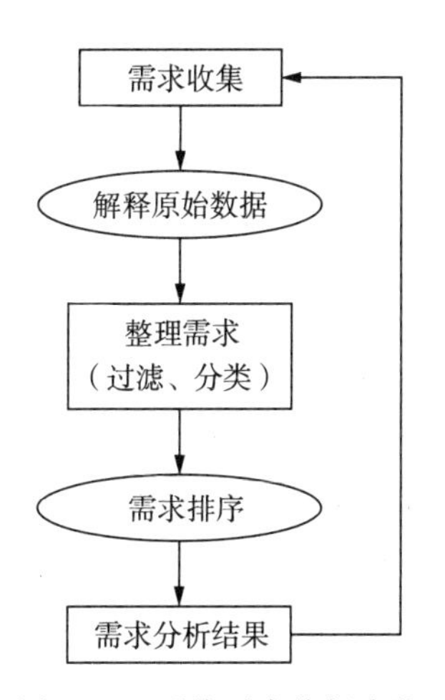

图 4－1　系统需求分析步骤

在进行煤矿井下作业人员管理系统设计之前，首先需要完成需求收集任务。通过对原管理系统深入分析和对客户进行充分调研等各种渠道收集需求。对各种原始需求进行分析，进一步提炼，形成规整有效的正式需求。对正式的需求进行过滤、分类和排序，最后得到需求分析结果。

煤矿井下作业人员管理系统的业务需求主要有考勤管理业务和报警处理业务两大类，对需求分析结果进行解决处理，从而得到主要业务的基本特征。再根据分析的主要业务特征完成的功能需求分析，对系统的各个功能的基本需求进行分析，从而得出本系统模型。最后结合本系统功能的基本需求分析和系统需求模型进行需求文档的编写工作，以便形成系统开发的规范性文档。

按照前面介绍的系统需求分析的步骤，首先需要进行的是收集需求，通过调研了解到系统的设计从使用者角度看需要实现以下功能：

1. 实时井下人员动态显示

(1)实时查询井下某地点一定范围内的人数、人员身份及人员分布情况。并可以图像或表格的形式显示在电脑屏幕上。

(2)实时查询多个井下作业人员实际位置，亦可以图形显示某作业人员某段时间的活动轨迹。

(3)记录井下作业人员到达某一地点的时间和离开该地点的时间，记录井下作业人员总工作时间及其他一些信息。

对巡查人员的工作进行检查和督促，尽可能杜绝因人为因素造成的相关事故。如：安全检测人员、生产管理人员是否按既定时间到既定地点进行现场查看，是否对各项数据进行检测和处理。

2. 信息化的考勤能力

通过进口安装的阅读器自动读取并传输上井人员、下井人员的信息，经计算机处理后可生成并打印各种报表，实现考勤自动化和信息化。

3. 信息多点共享

将各用户终端与系统中心站连接组成局域网络，在使用权限范围内局域网上每个用户终端都能实现信息多点共享。这样各级领导和各级管理人员可以同时在不同地点共享各类信息和查询各类报表。

通过对上述功能需求的分析与整理，以及对煤矿日常实际人员管理业务流程的调查，明确在本文研究的目标煤矿井下人员定位系统中，重点需要通过信息化手段实现考勤管理业务和报警处理业务两个业务流程。因此下面将对这两个业务的流程进行详细地分析。

一、考勤管理业务

图 4－2 描述了煤矿井下作业人员考勤管理的业务流程。

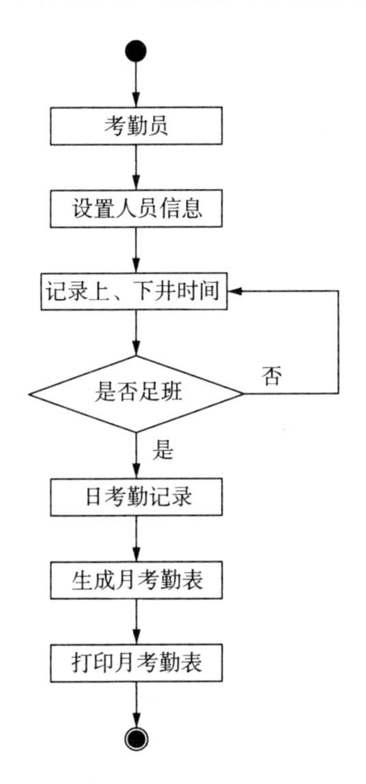

图 4－2　考勤管理业务流程

系统管理人员对全部员工建立信息库，内容包括煤矿编号、电子标签识别码、姓名、性别、出生年月、工号、部门编号、工种等信息。

在矿井入口处和关键卡口安装阅读器。下井工作的人员必须佩戴本人的电子标签。

当下井工作的人员进入坑道入口时，阅读器收到电子标签的信号，并上传至主机。同样，当下井工作的人员走出坑道入口时，阅读器也收到电子标签的信号，并上传至主机。

本系统能实现如下功能：

(1)在客户端能显示井下作业人员准确的上、下井时间。

(2)由上、下井时间的差值与某工种足班时间进行比较来判断本次下井是否有效。不同工种井下作业人员的足班时间是不同的。

(3)基于出勤考核的需求，月统计报表中应包含下井有效次数、下井时间等记录。

(4)可以打印客户设定的任意时间段下井统计表、月考勤报表等出勤报表。

考勤员的考勤统计主要实现对员工、干部信息的考勤查询、下井统计、报表查询和打印考勤报表等功能。

二、报警处理业务流程

图 4-3 描述了煤矿井下报警处理的业务流程。

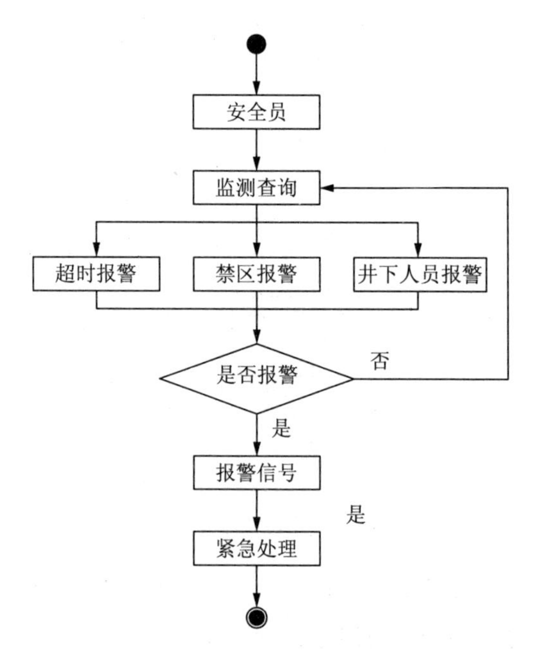

图 4-3　报警处理业务流程

安全管理人员通过监测查询接收报警信号、发出报警指令有三种情形：一是超时报警。矿井相关管理部门对不同工种人员核定标准的下井作业时间，对每个下井作业人员进行监测，若某人下井时间超出该工种的标准作业时间，则系统对此人给出提示报警，且能在终端显示器上指示超时人员的名单、工种等信息。二是禁区报警。对于指定的禁区，如果有人员进入，产生声光报警，并显示进入禁区的人员的相关信息。三是井下人员报警。当井下工作人员发现异常情况，如瓦斯浓度超标、透水、缺氧等，井下有人员按下电子标签的报警按钮时，报警信息将及时地传递到地面由主机接收。

当井上管理人员确定井下某个区域或某个阅读器附近发生了危险，需要通知该区域和阅读器旁的工作人员撤离时，可以发送寻呼命令。收到寻呼的电子标签发出报警声音同时震动。

安全管理人员还可以根据产生报警的种类，按照事前制定的相应的应急预案进行紧急处理。

第二节　系统功能需求分析

一、人员定位功能需求

人员定位功能需求包括动目标跟踪定位、轨迹回放和监测查询等具体功能业务。该功能主要面向煤矿企业中的系统管理员和井上管理人员，其用例分析如图4－4所示。

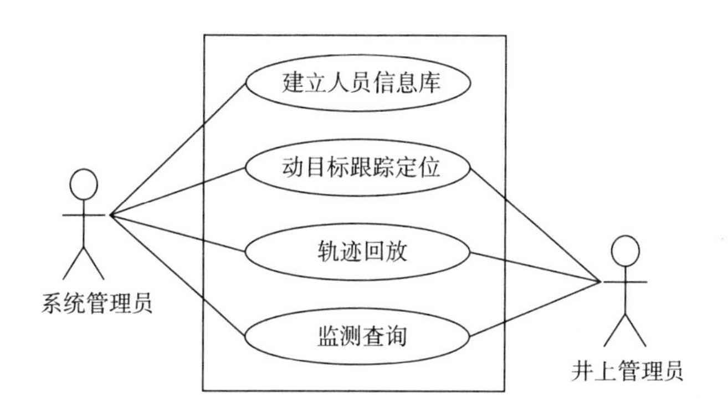

图4－4　人员定位功能需求的用例分析

1. 建立人员信息库

对全部员工建立信息库，内容包括煤矿编号、阅读器识别码、姓名、性别、出生年月、工号、部门编号、工种等信息。在“系统管理员”登陆模式下，可进行档案管理模块的操作。档案管理包括了对阅读器、人员（机车）、部门及工种的编辑管理操作。电子标签在该系统中一般携带在人员的身上，也可以安装到某些机车上，以跟踪人员、机车在井下的位置。因此添加人员（机车）信息时，首先进行电子标签使用对象的选择。人员(机车)的信息由管理员录入。其中当选定了机车后,用户可输入该机车的车牌号、电子标签识别码以及所属部门名称。

部门管理可以实现查询、增加、修改、删除部门信息等功能。

工种管理用于设定某一工种的名称、作业时间等信息,也可以对存在的工种进行修改、删除操作。

建立人员信息库是实现其他功能的基本操作。

2. 动目标跟踪定位

该功能用于动目标实时监测。动目标跟踪定位的功能有:设置跟踪对象、启动跟踪、停止跟踪。

(1)设置跟踪对象

可以跟踪的对象有两种类型,一种是人员,另外一种是机车。选择跟踪对象时,用户首先需要选择跟踪的动目标是哪种类型。

若所选择的动目标为井下人员,则可以按照人员姓名、工资号进行查询,或列出全部井下人员,将欲跟踪的人员添加到跟踪对象列表中。系统可以设定同时跟踪 4 个人员对象,并分别用"红、黄、蓝、绿"色的"人形"图标显示;若所选择的动目标为机车,则可以按照机车名称、车牌号或列出全部机车三种方式查询并设定欲跟踪的机车。系统可以设定同时跟踪 2 个机车对象,并分别用"红、蓝"色的"机车"图标表示。

(2)启动跟踪

在没有设定跟踪对象前,启动跟踪和停止跟踪子菜单呈灰化状态,不可使用。当设定好跟踪对象后,可以点击"启动跟踪"菜单,对跟踪目标进行实时跟踪。

(3)停止跟踪菜单

当需要停止本次跟踪时,管理员点击"停止跟踪"菜单结束本次跟踪。

3. 轨迹回放

该功能是用图形显示某人在某时间段内所经过的线路轨迹,方便管理人员监测查询。在进行轨迹回放前,需要设定回放的对象,以及回放的时间范围。选定回放对象和时间范围后,点击"确定",即可实现对人员或机车在这个时间范围内的活动轨迹进行模拟回放。

4. 监测查询

一是监测查询某人在某时刻所处井下的区域位置;二是实时监测查询井下作业人员的数量和井下作业人员分布情况。打开动目标实时监测图,移动鼠标接近或到达某阅读器的标识码时，就会在终端显示器上显示该阅读器附近的人员信息列表框。

二、考勤管理功能需求

考勤管理功能是以人员信息库为基础，实现日考勤记录、生成月考勤表和考勤查询等具体功能业务，其用例分析如图 4－5 所示。

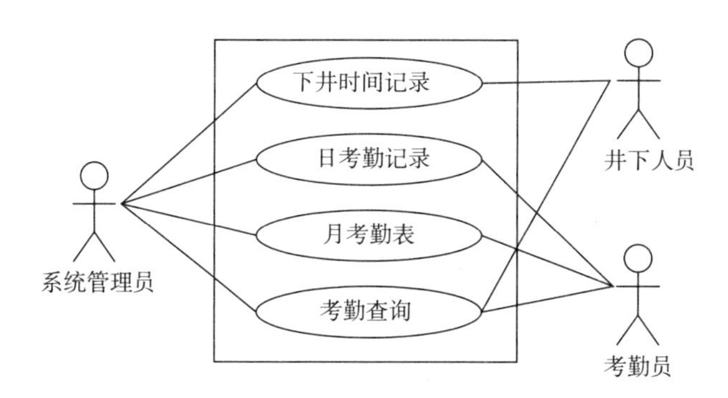

图 4－5　考勤管理功能需求的用例分析

1. 下井时间记录

该功能用于显示每一个下井作业人员准确的上、下井时间。系统运行后，工作人员或移动目标携带电子标签入井时，井口安装的阅读器接收到工作人员或移动目标携带电子标签的无线电信号，系统开始记录进入时间，在下井的同时，自动完成考勤功能。进入巷道后，随着工作人员或移动目标位置的改变，电子标签将自身的编码信息通过无线信号发送给最近的阅读器，阅读器收到信息后进行存储并等待系统轮巡。工作人员或移动目标携带电子标签出井时，与上述情况类同。

2. 日考勤记录

以下井时间记录为基础，与某工种足班时间进行比较来判断本次下井是否有效，从而实现计算机的自动考勤功能。对于不同个体和不同工种类别的井下作业人员的足班时间是不同的。

3. 月考勤表

对日考勤记录进行累计生成月考勤表。基于出勤考核的需求，月考勤表中应包含下井有效次数、下井时间等记录，并且可以打印客户设定的任意时间段下井统计表、月考勤报表等出勤报表。

4. 考勤查询

除系统管理员、考勤员外，井下作业人员和其他工作人员均可根据自身的权限登录考勤系统查询员工、干部信息、下井统计、报表查询和月考勤报表。

三、报警管理功能需求

报警管理包括报警设置、报警信号、发送报警指令、应急处置等具体业务功能。该功能主要面向煤矿企业的安全管理员和井下作业人员，其用例分析如图 4－6 所示。

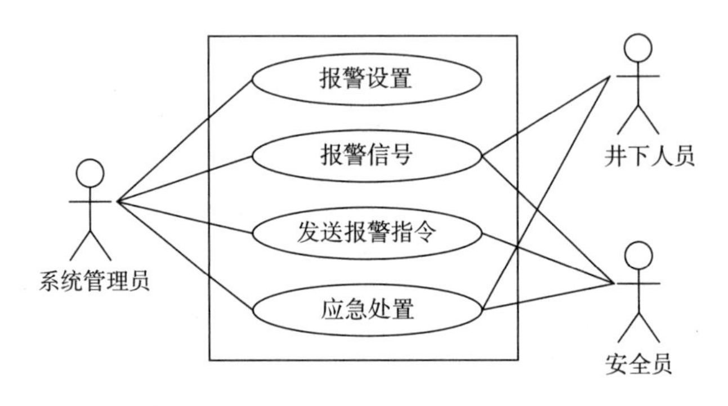

图 4－6　报警管理功能需求的用例分析

1. 报警设置

单击报警设置子菜单，弹出报警设置对话框。在此对话框中可以设定报警声音、禁区报警、超时报警和求救报警等。

2. 报警信号

一是超时报警：通过设定不同工种人员下井作业时间，对下井时间超时的人员提示报警，并显示出超时工作人员的名单、工种等信息。

二是禁区报警：如果有人员进入设定的禁区，能及时地产生声光报警信号，并显示在禁区的人员信息。

三是求救报警：当井下人员遇到险情时按下电子标签的报警按钮，地面主机将迅速接收到此报警信息，在主机显示屏上出现“人员报警”图标且不断闪烁，直至报警解除时消失；在主机显示屏上将该报警的位置在矿井分布图上动态显示出来；在主机显示屏上自动弹出的报警对话框中，列出报警人员的身份、位置等要素信息。

3. 发送报警指令

当井上管理人员确定井下某个区域或某个阅读器附近发生了危险，需要通知该区域和阅读器旁的工作人员撤离时，可通过点击寻呼菜单，选择区域或者填写正确的阅读器识别号，然后点击寻呼，可以发送寻呼命令。收到寻呼的电子标签发出报警声音同时震动。

4. 应急处置

安全管理人员根据报警种类进行相应的应急处理，并在区域网上进行通告。若遇到较大事故，超越安全管理员权限，则必须向上级汇报，等候处置命令，再做相应处理。

第三节 系统非功能性能需求分析

需求分析调研过程中发现，在生产实践中，煤矿井下作业人员管理系统除需要满足上述功能性需求之外，还对可靠性、可扩展性等非功能性需求有较高的要求。

一、软件方面的非功能性能需求

1. 系统的可靠性

煤矿井下作业人员管理系统组成部分的硬件平均无故障时间 MTBF(Mean Time Between Failures)如下：主机——不小于 5 万工作小时；多功能分站——不小于 3.5 万工作小时；阅读器——不小于 2.5 万工作小时；电子标签——不小于 2.5 万工作小时。软件系统不间断运行的时间不低于四年，保证可以随时在客户端登录。

2. 系统快速响应性

系统巡检时间≤20s；系统画面响应时间≤30s。

3. 系统可扩展性

设计时充分考虑处理能力的扩展性和功能应用的扩展性，系统最大容量：32 个阅读器，系统最多可管理 65535 个电子标签。

4. 界面需求

页面内容主题突出，操作方便，术语和行文格式统一明确，传递的信息准确；菜单结构合理布置美观，且用户使用方便；页面大小可调节，字体和版面布局可控制。

5. 信息传输

通信接口与分站采用 CAN 总线传输，分站与阅读器之间采用 RS-485 连接通信。

6. 系统的安全性

在软件开发时本系统设有严格的权限管理功能，必须拥有相应权限方能进入相应的功能模块。对于可能出现的各类误操作系统要设防，能有效阻止数据信息的丢失和破坏。此外针对不法用户本系统设置了防止盗取重要信息的功能。

二、硬件方面的非功能性能需求

1. 供电方面

供电电压在 AC220V±10%之间波动时，中心站设备应能正常工作。中心站配备 UPS 电源，当交流电源断电时，UPS 电源应保证中心站设备工作 2 小时以上。多功能分站输入电压：交流 660/380V；电压波动范围：75%～110%。交流电源停电后，由分站内部电池供电，能继续工作不小于 2 小时。

2. 接地保护和防雷电保护

监测系统应有单独接地，不允许与其他系统共地。传输电缆的屏蔽层、监控室设备的外壳等要进行可靠的安全保护接地，接地电阻不应大于 4Ω，避雷器应安全保护接地，其接地电阻应不大于 2Ω。井下设备的接地保护应满足《煤矿安全规程》规范要求。防雷电保护措施是系统中在入井口处接入 HXRJ1102－12X 型信号避雷器。

综上所述，本系统所采用的软件技术、射频识别技术、通信与接口技术等都是比较成熟的技术，开发和应用成本较低。因此，从社会需求、经济成本、技术实现上考虑，开发煤矿井下人员定位系统是切实可行的。

第五章　煤矿井下人员定位系统的开发设计

为实现煤矿井下作业人员管理系统需求分析中确定的系统功能性需求及非功能性需求，需要设计一整套软件与硬件系统协同工作以完成人员动态显示、信息化考勤、信息共享等功能，因此其系统总体设计包括硬件设计和软件设计两大部分。

第一节　煤矿井下人员定位系统的硬件设计

在煤矿井下人员定位系统的硬件设计中，选择何种无线通信技术至关重要。本例设计系统采用无线射频识别 RFID（Radio Frequency Identification）技术。RFID 技术是较早应用于煤矿井下人员定位系统中，技术较成熟。采用 RFID 技术信息读取便捷、信号抗干扰能力强、使用寿命长、安全性好。特别是系统成本低，应用价值高。但是采用 RFID 技术定位精度较差，这一点可以通过上一章介绍的定位测距方法和定位算法加以改进。

一、基于 RFID 的煤矿井下人员定位系统的组成

基于 RFID 技术的煤矿井下人员定系统主要由监测主机（工控机）、多功能分站、阅读器（无线读卡机）、电子标签（无线编码器）、传输接口、系统软件和防雷保护装置组成。监测主机安装好系统监控软件和后台数据库，显示所有监测信息；电子标签由井下工作人员或移动目标佩戴；阅读器安装在需要进行跟踪和检测的区域，并在监测软件图形界面上标示出安装阅读器的监控位置；多台阅读器以串联方式连接通过 RS－485 总线与多功能分站连接。监测主机（工控机）、多功能分站、阅读器、电子标签、传输接口等组合在一起，构成煤矿井下作业人员管理系统。系统图如图 5－1 所示。

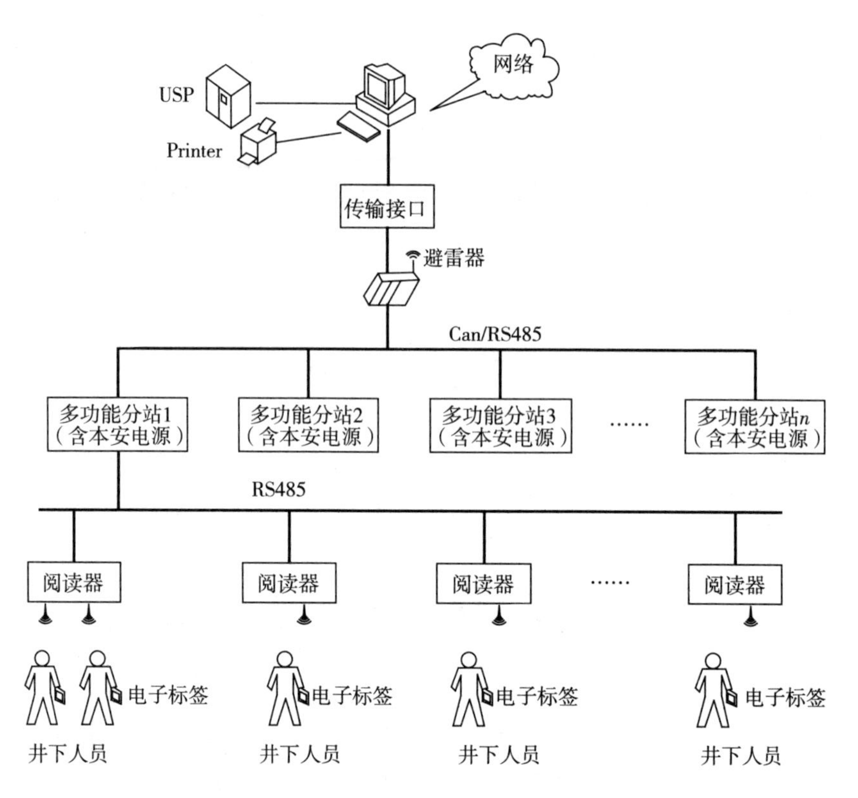

图 5-1　煤矿井下作业人员管理系统的系统图

二、基于 RFID 的煤矿井下人员定位系统的设计原理

系统运行后，工作人员或移动目标携带电子标签准备入井，系统开始记录进入时间，在下井的同时，自动完成考勤功能。进入巷道后，随着工作人员或移动目标位置的改变，电子标签将自身的编码信息通过无线信号发送给最近的阅读器，阅读器收到信息后进行存储并等待系统轮巡。轮巡到达后，阅读器将编码信息通过RS-485总线发送到地面的监控主机。经过后台数据处理，监控主机具有图形显示功能，能够在图形上形象直观地实时显示动目标的位置信息；还能够在图形上形象直观地显示动目标的行走轨迹，方便管理人员监测查询。监控主机还具有发布广播的功能。所有阅读器所覆盖的电子标签都可以快速接收到监控主机发布的广播信息，便于紧急情况下全体人员的撤离。此外工作人员携带的电子标签也能通过人为触发本地报警，将个体报警信息通知到跟踪服务器。

阅读器和电子标签的地址都是 32 位二进制数，前 16 位属于网络地址，后 16

位属于终端地址。阅读器和电子标签在人员管理系统中的地址都是唯一的，不允许有重复。地址范围1～65535。

监控主机和多功能分站之间采用CAN/485通信协议，当采用CAN总线时，通信距离可达10公里，当采用RS-485通信时，通信距离1.2公里。阅读器和电子标签之间的通信方式为2.4GHz频段以主从方式进行通信，采用O-QPSK调制方式，载波侦听多点接入/冲突避免(CSMA CA)通道访问，距离可达70米。

第二节　煤矿井下人员定位系统的软件设计

一、系统开发的关键技术

1. 基于B/S的软件体系结构的开发

监控中心软件主要采用浏览器/服务器(B/S)的结构形式，软件运行在Microsoft Windows 2000/windows 2000 Server中文操作平台上，采用Visual C++6.0、ActiveX、SQL Server 2000数据库编制，采用多进程、多线程技术，实时并发处理多个任务[20]。该项目采用B/S架构开发，能够实现较丰富的图表显示功能。此外，在客户端电脑上必须安装客户端程序，而由服务器集中处理数据信息。因而在性能方面和网络通信方面对客户端电脑要求不高。

2. 基于图形技术的轨迹回放的研究

目前市场上常用的GIS图形软件有MapInfo、ArcGis、SuperMap、MapGIS等，其中MapInfo以其部署简单使用方便而得到广泛应用。对于在GIS图形上进行人员历史轨迹的回放，首先需要解决的问题就是将煤矿的采掘工程平面图(Cad格式)通过专有工具转化为MapInfo格式的图形，其次要按照井下巷道的连通性人工或自动构建网络拓扑结构，根据用户给出的一系列轨迹信息，按照最短路径算法，搜索出可通行的一条路径，最后采用动画的方式，模拟人员的历史行走路径。

3. 数据库Microsoft SQL Server 2000的建立

美国微软公司推出SQL Server 2000是目前应用较多的关系数据库管理系统的一个版本。许多管理和开发工具置于SQL Server 2000数据库中。在应用SQL Server的开发应用程序过程中，使用这些工具会使问题变得更简单。而客户购买这些应用程序的开销减少，往往只需支付少许安装和管理的费用即可。

SQL Server 2000 具有以下优点：①充分发挥 Windows NT 的优势，具有高性能设计；②支持本地和远程的系统管理和配置、支持 Windows 图形化管理工具，系统管理先进；③采用各种方法保证数据的完整性，具有强大的事务处理功能；④支持对称多处理器结构、存储过程，并具有自主的 SQL 语言；⑤具有内置的数据复制功能。

基于上述优点，SQL Server 开放的系统结构以及与 Internet 的完善结合，无论是对开发人员还是对用户来说都是一个优秀的数据库平台。

由于 SQL Server 2000 具有高效、灵活、安全、易用的特点，本系统选用 Microsoft SQL Server 2000 数据库，用来存储大量的历史、实时数据、考勤数据。建立数据库是本系统开发的基础和关键。

4. 数据实时同步技术

将要同步的数据库表的数据导出到文件，再将数据文件发送到对方计算机，对方计算机将接收到的数据文件导入相应的数据库表。主备机定时同步数据，通过最后同步时间，可以将数据记录的时间控制在毫秒级的差异，从而实现了主备机数据的一致性。

二、系统开发模式

基于对煤矿井下作业人员管理系统发展现状、设计原理和开发关键技术的分析，综合考虑系统总体设计的思路、软件体系的架构，决定本系统软件的开发采用 ASP. NET 作为系统的开发工具，应用 SQL Sever 2000 数据库，来共同构建基于 Web 的煤矿井下作业人员管理系统。

1. 系统运行环境、开发工具及数据库选择

运行环境如下：

(1)硬件环境

根据上面分析，我们决定采用 B/S 来架构系统。可以采用的服务器分两种：一种是 Database Servers，另一种是 Web Server。本系统的控制规模不是很大，因而可以采用单个 Web 服务器，内存 2G 或以上，硬盘 160G 或以上，CPU 要求 P4 以上。这样既降低系统的复杂性，提高系统的可靠性，又节约了成本开支。Web 服务器与 Internet 接入结构如图 5－2 所示。

本管理系统对硬件要求不高，在客户端只需要一台接入互联网的计算机即可。对网络的带宽、网速等要求也不高。当然在经济允许的条件下采用高端配置的网络，会使系统运行更加快速、稳定和可靠。

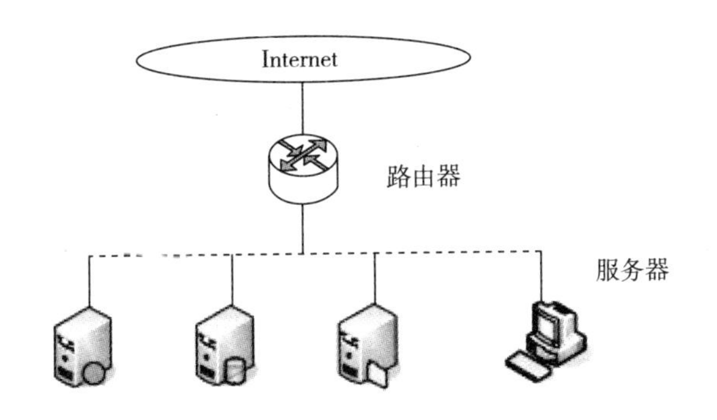

图 5-2 Web 服务器 Internet 接入结构

(2)软件环境

本系统采用 B/S 的架构模式,系统由三大部分组成:①数据库;②Web 服务器程序;③后台管理程序。三者在基于 TCP/IP 协议基础之上的网络内运行。Web 服务器端软件运行在 Windows server 2000 之上,后台管理程序也需运行在 Windows server 2000 之上。通信接口由 Microsoft Internet Information Server 6.0 提供[21]。

2. 开发工具及其平台选择

基于 Web 的煤矿井下作业人员管理系统的开发工具及其平台如下:

(1)开发工具:ASP.NET Microsoft Visual Studio 2005;

(2)开发语言:NET 2.0 技术框架,采用 C#语言;

(3)技术平台:NET 2.0 框架 +Internet Information Server 6.0 版本;

ASP.NET 是由 Microsoft 公司的 ASP 技术发展而来的。它是在 ASP 巨大的成功经验的基础上开发出来的,而不是 ASP 的简单升级。它改进了很多 ASP 运行时出现的缺点,是 Microsoft 公司推出的全新体系结构中 NET 框架的一部分。这种全新的技术架构使得软件工程师进行动态网页编程时变得非常简单[21]。2002 年 ASP.NET 推出以后,受到软件开发者的欢迎,迅速成为动态网页编程的主要开发工具。ASP.NET 之所以能够获得广泛应用,是因为其超强的性能而凸显出的优点,其优点可表述如下:

① Web 控件。在页面中创建 HTML 对象和 Forms 对象使用 Web 控件非常简单,而使用 ASP 就要编写冗长的数据显示代码。

② 代码与设计页面分离。由于应用先进的 Code Behind 技术,ASP.NET 将后台代码页面与前台显示页面进行有效的分离,从而增加程序代码的可读性,而 ASP 采用的

编程方式是在 HTML 代码内嵌入脚本程序，因而大大降低了程序代码的可读性。

③ 面向对象特性。ASP. NET 采用的后台语言是完全面向对象的，如 J♯，C♯，C++和 Visual Basic. NET 等编程语言。而这 ASP 使用的是脚本语言，这二者有着本质的区别。

④ 缓存机制。ASP. NET 为了极大地提高运行速度，允许将对象和输出的数据放置在缓冲区中。用户通过 ASP. NET 可以了解需要存入缓冲区的数据有哪些，何时调出这些数据。这种缓冲机制是很先进的。

⑤ 数据库连接。ASP. NET 采用了 ADO. NET 来连接数据库，而 ASP 使用 ADO 对象来连接数据库。使用 ADO 来连接数据库其性能已经相当好了，但 ADO. NET 的性能比之 ADO 的性能又有很大提升。

总之，ASP. NET 是一种开发动态网页的有力武器，它是既简单又高效的开发工具，又可以非常直观地开发出复杂的 Web 应用程序[9]。

3. 系统的软件结构框架

本管理系统的软件系统是架构于 ASP. NET 2.0 之上的。. NET 架构涉及了在操作系统之上软件开发工作的所有层面[22]。由于 . NET 架构本身就为系统提供了开发技术、开发平台和开发环境，所以软件开发人员进行基于 ASP. NET 框架的软件开发时不必再去考虑有关操作系统的诸多细节问题。如：文件处理、内存管理等。本系统的软件开发采用了 . NET 的三层架构：表示层、业务逻辑层和数据访问层[23]。这种三层架构模型对系统后期的维护和升级有利，且使系统分工更加明确、结构更加清楚。

4. 数据库选择

本系统数据库决定采用 SQL Server 2000，这是基于它的下列特点：

(1)提供一个高性能、易管理、可扩展的、安全的、完全的 B/S 体系结构，并且使用网络更加高效[23]。在 B/S 运行模式下，集中在服务器中进行数据库的查询操作，在网络上传输的不是整个数据库文件，而只是服务器的检索结果和用户的请求命令，因而网络上的信息流量减少了，网络的使用效率也就提高了。

(2)提供一套方便易用的、典型的、图形化的用户界面式管理工具，如：Query Analyzer，Enterpris Manager 等。SQL Server 2000 的企业管理器是一个集成化的管理工具，用户可以通过该企业管理器直观地实现 SQL Server 服务器的配置、数据备份恢复、数据复制、数据库及数据对象的管理、人物调度等功能[11]。

(3)丰富的编程接口。Visual Studio. NET 开发包能够直接通过 SQL Server

2000 所提供的相应的语言接口。此外，Microsoft SQL Server 2000 还支持多用户在线操作，对在线用户采取多种保护措施，以防止产生错误和冲突。能为用户高效地分配可用的资源，减少占用内存空间，保持系统运行的高速度。

三、系统架构设计

1. 系统物理架构设计

井下作业人员管理系统包括硬件系统和软件系统。该硬件系统与软件系统物理架构如图 5－3 所示。

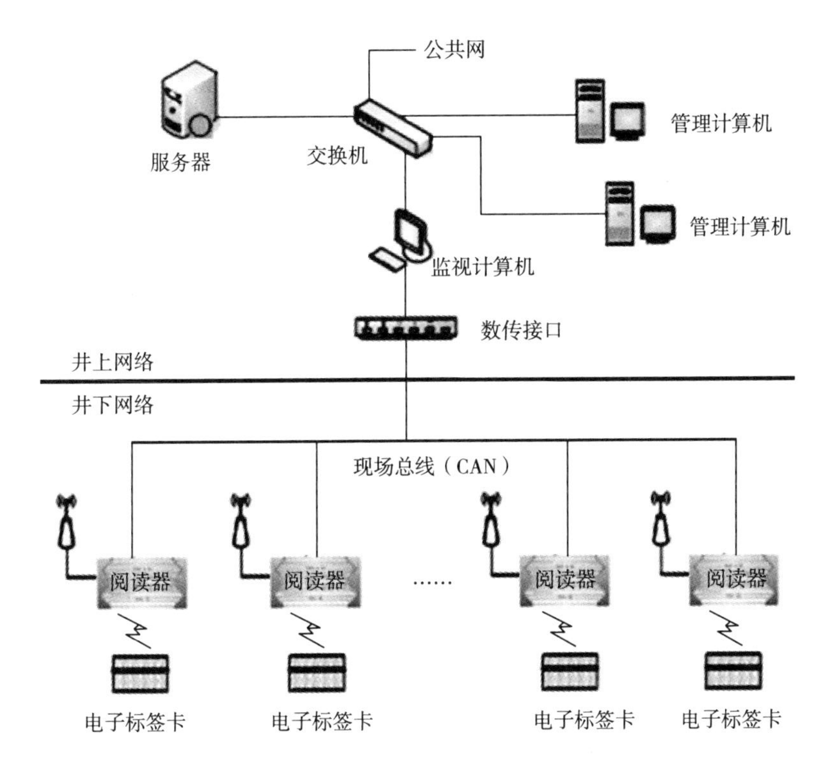

图 5－3 系统物理架构图

软件系统用于完成定位信息分析处理、实时显示、数据库存储、报表打印等功能。硬件系统由阅读器设备、天线、标签、数据传输接口、服务器和相关计算机组成，用于完成信息采集和识别，从而实现预设的系统功能[23]。硬件系统设计采用 RFID 电子标签及阅读器实现井下人员定位，选用成熟可靠的 CAN 总线组建井下传输网络，CAN 总线不仅可以方便地增加阅读器节点，其他带有 CAN 总线接口的节点也可以很方便地挂接在CAN总线上，例如用于监控的瓦斯传感器。这样就在一定程度上扩展了系统的功能，组成复合的多功能监控网络[24]。

井上监控主机与井下各阅读器的通信采用轮巡的方式通过数据传输接口中转实现。数据传输接口与主机使用RS-485信号制，与各采集站之间的通信通过CAN总线连接，接收各采集站发送的数据信息，掌握巷道内当前工作人员的位置信息，实现对矿井人员的监控与定位功能[25]。

(1)硬件工作原理和工作流程

硬件系统主要是无线射频识别系统，它由阅读器、发射天线、接收天线、电子标签、天线调谐器和井下分站设备等组成。掌握无线射频识别技术实现井下人员定位的工作原理是进行系统设计的基础。下面对无线射频识别系统各主要组成部分的工作原理和工作流程进行分析。

① 阅读器：一是通信功能。阅读器能与电子标签进行无线电通信，采集信息；阅读器能与后端服务器进行网络通信，互相传递数据。二是能区分在阅读器作用范围内的多个电子标签，能实现在同一网络中多个阅读器的协调工作，并能正确识别移动目标和静止目标。阅读器的处理流程如图5-4所示。

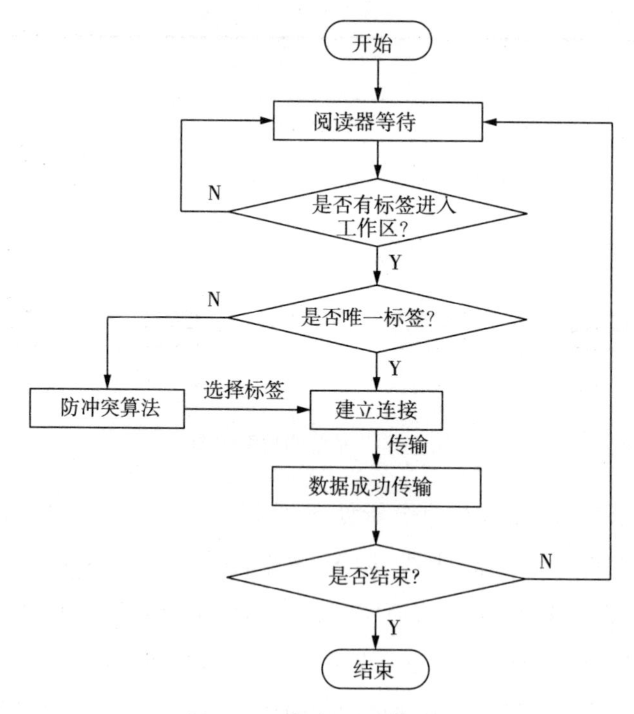

图5-4　阅读器处理流程

② 电子标签:主要作用是与阅读器进行无线电通信。电子标签有无源标签和有源标签两种。前者内部不需要安装电池,价格便宜。但传输距离只有数米远。后者内部中安装电池,使用成本提高。但它的有效传输距离是前者的几十倍到几百倍。

电子标签的处理流程如图 5 - 5 所示。

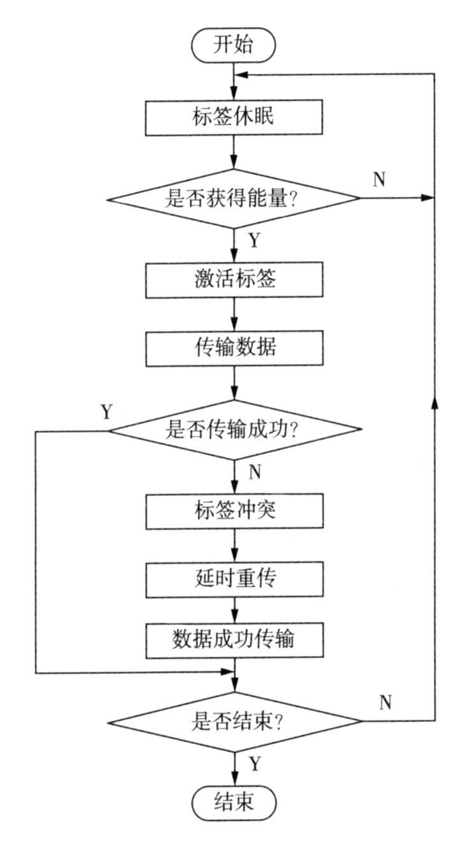

图 5 - 5　电子标签处理流程

③ 发射天线和接收天线:安装在分站站点用于发射无线电信号和接收无线电信号。

井下人员跟踪定位构成示意图如图 5 - 6 所示。

(2)软件系统组成

由嵌入式软件和应用软件两个组成部分。这两个组成部分共同支撑整个系统运行,指挥系统采集井下人员跟踪定位信息、管理数据库存储、进行数据分析处理、

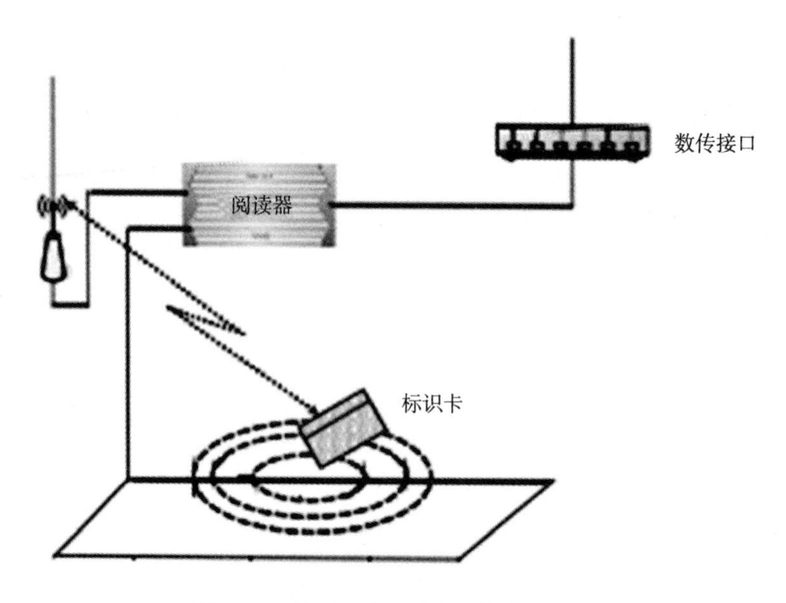

图 5-6　井下人员跟踪定位构成示意图

实现实时显示、报表打印等功能。

就井下某监测分站站点而言，其工作原理可以表述如下：每个阅读器和每个电子标签都有唯一的识别码。采集信息时阅读器经分站的发射天线向外发送数据载波信号。无线载波信号传输是衰减的，因而它有一个有效区域。在此区域工作的人员或进入此区域的人员，他们佩戴的电子标签被激活而发出无线电信号。该信号含有电子标签的识别码信息。在有效区域内站点阅读器的接收天线能够接收到该信号，通过信号处理可得到电子标签识别码。这些信息实时地传送到地面中心站。地面中心站的计算机对这些信息进行处理来实现客户需求的系统功能。每个站点都有一个有效区域，所有站点有效区域覆盖范围之外就是盲点区域。在盲点区域内的电子标签未被侦讯到，因而是处于休眠状态。

(3)阅读器与电子标签通信模型

阅读器和电子标签之间的通信是按照协议进行的。阅读器与电子标签通信模型是 OSI 模型。如图 5-7 所示是描述本系统中阅读器和电子标签之间的 3 层通信模型。

由图 5-7 可以看出，阅读器与电子标签通信模型由 3 层组成，从下到上依次为物理层、通信层和应用层。物理层主要关心的是电气信号问题，也就是说，频率、传输调制、数据编码、时钟等，保证信息的正确传递；通信层定义了阅读器与电子标

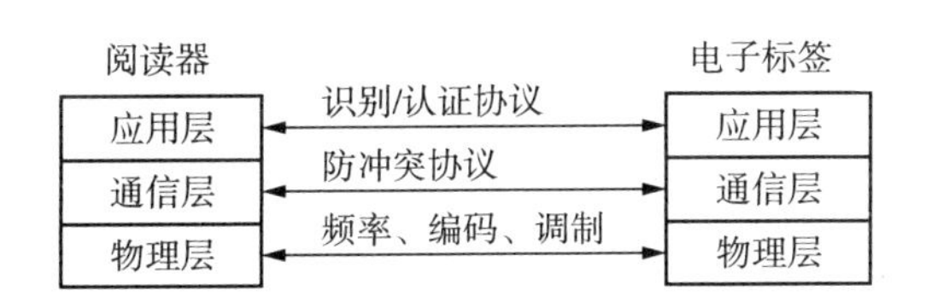

图 5-7 阅读器与电子标签通信模型

签之间双向交换数据和指令的方式,其中最重要的一个问题是解决多个电子标签同时访问一个阅读器时的冲突问题[23]。关于井下的电子标签防冲突算法的研究我们将在后续章进行深入的研究;应用层处理用于将识别电子标签的信息传输到后台服务器,也可以是电子标签用户信息识别,双方加密解密通信可以在此层完成。

在本系统中客户端与外设、井下分站与阅读器之间等局部区域的通信可采用 RS-485 通信线。RS-485 在距离上限为 10m 时通信速率可达 10Mb/s,在速率上限为 100kb/s 通信距离可达 1.2km。RS-485 采用的是总线型拓扑结构。由 RS-485 连接成的网络是主从结构的网络,主节点只能有一个,而其余的节点都是从节点。相对于多主结构网络(或冗余结构网络)而言,主从结构的网络主节点的可靠性要求很高。

2. 系统通信组网

通信网络对井下作业人员管理系统的重要性是不言而喻的。不能保证正常的数据通信,井下作业人员管理系统就会变成聋子和瞎子,实现生产管理自动化和安全管理信息化就无从谈起。基于对工业级组网的研究,煤矿井下人员管理系统选择了具有协议简单、容错能力强、安全性好、成本低等特点的现场总线技术,它是目前工业控制网络中最理想的选择[26]。

具体来说,在本设计系统中采用 CAN 现场总线作为现场设备控制层的通信总线 CAN 控制器局域网。CAN(Controler Area Network,简称 CAN)是德国 Bosch 公司为汽车应用而开发的串行通信协议[27]。它能有效地支持实时控制和分布式控制。因其性能的优越性,它已从汽车行业推广应用到其他的工业控制领域,事实上形成了一种工业标准。CAN 是多主竞争式总线结构,具有多主站运行和分散仲裁的串行总线以及广播通信的特点[28]。每个节点不分主次,都可随时主动地向网络上发送信息到其他节点,各节点之间通信是自由的。CAN 的通信速率在 5kbps 以下时直接通信距离最远可达 10km;通信距离不超过 40m 时通信速率最高可达1Mbp。多主竞争的总线仲裁采用11位标识和非破坏性位仲裁总线结构机制[29]。在这种机制中要确定数据块的优先级。当网络节点冲突时优先级最高的节点传输数据优先通过，而不需要冲突等待。CAN总线技术比较成熟，它的标准化、商品化的控制的芯片性价比较高，特别适用于分布式测控系统之间的数据通信[30]。

3. 系统软件架构设计

为了能够将井下RFID硬件和上层的管理应用软件很好地结合起来，通过人机交互，方便地构建RFID系统的井下定位系统，本系统针对RFID的特点开发一种基于Web的井下人员定位系统，系统尽量模块化，接口简单，这样不仅能提高软件的开发速度，也提高了软件的可维护性和可扩展性。

现阶段世界上软件开发模式的两大主流技术架构是C/S和B/S。C/S架构最早是由美国布兰德公司研发的，B/S架构是由美国微软公司研发[31]。

C/S(Client/Server)结构，即客户机和服务器结构，其通常由三部分组成：客户机、服务器以及中间件三大部分。其中服务器(Server)的任务是提供数据服务，客户机向服务器发出请求，服务器响应并返回相应的结果，中间件又称为接口软件，指连接客户机和服务器之间的软件[32]，如图5-8所示。

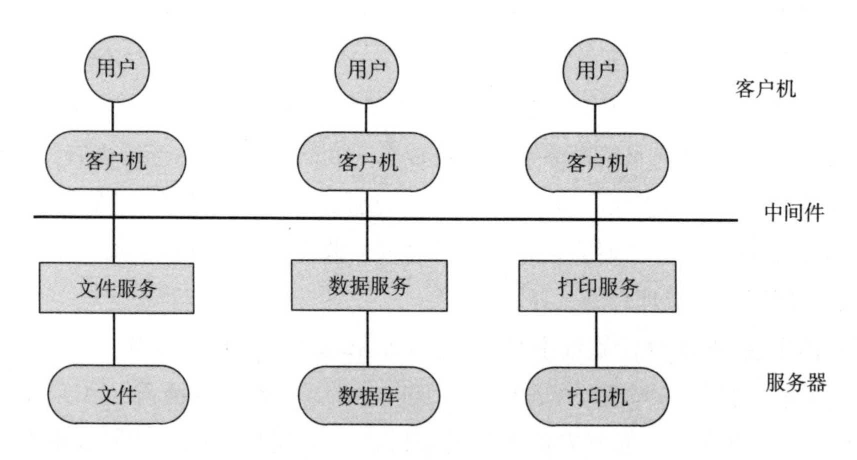

图5-8　C/S的基础结构

通过C/S结构可以充分利用两端硬件环境的优势，将任务合理分配到Client端和Server端来实现，降低了系统的通信开销。C/S架构的优势是应用服务器运行数据负荷较轻，数据的储存管理功能较为透明；但是，随着数据库技术和网络技术的进一步发展以及企业对信息系统建设成本的考虑，C/S也逐渐暴露出许多问题，主要体现在以下四点：

(1)成本较高。C/S 结构对客户端硬件要求较高；特别是软件的不断升级，使得对硬件要求不断提高，自然而然就增加了整个系统的成本[33]。

(2)兼容性差。一般来说应用程序可以由不同开发工具开发出来。在 C/S 架构中它们是相互不兼容的。

(3)对于 C/S 架构，安装不同的系统软件的客户机，其用户界面不同，因而用户感到纷繁复杂，增加了推广使用的阻力。

(4)对于不同的客户机由于安装不同的应用程序，使得维护工作变得复杂，且系统升级麻烦。

随着 Internet 席卷全球，以 Web 技术为基础的 B/S 模式日益显现其先进性。图 5-9 是 B/S 模式结构图。

图 5-9　B/S 模式结构图

B/S 模式具有以下优点：

(1)使用简单。由于用户使用单一的浏览器软件，基本上不需要做特定的培训，用户就能学会使用。

(2)易于服务。因为所有的应用程序集中放置在 Web 服务器端，所以在服务器端进行软件的开发、软件升级与软件维护工作，从而使软件的开发与维护更加方便。

(3)节省企业投资。在采用标准的 TCP/IP、HTTP 协议的 B/S 模式下，可以结合企业原有的网络，构成新的网络系统[34]。因此节省了开支。

(4)客户端的硬件配置低。只需要客户机上安装 Web 浏览器软件即可，且不限软件的种类。

(5)信息资源共享阈值广。基于 Internet 网络的建立和扩展，在互联网上每一个用户可以方便地访问系统外部的资源，也可以访问互联网的内部资源。

(6)扩展性好。B/S 模式可直接接入 Internet 网络，因而它的扩展性较好。

基于以上各种因素，本系统选择了 B/S 架构体系，设计开发基于 Web 的井下人员定位管理系统，选用 .NET 框架技术开发，设计中采用分层结构，其架构如图 5-10 所示。

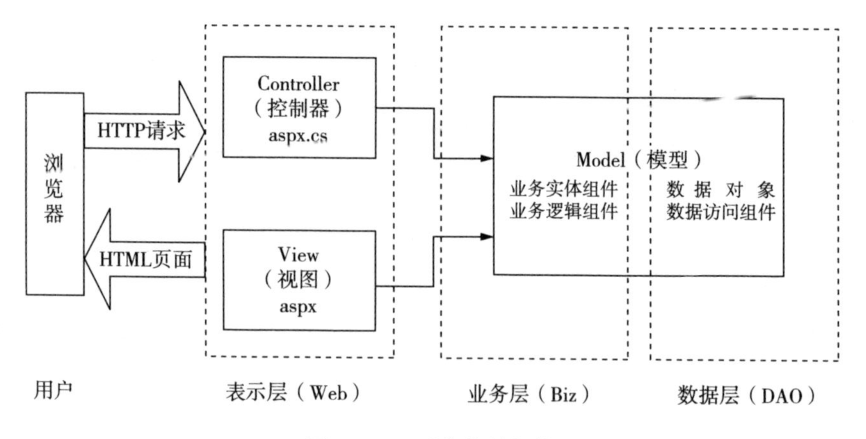

图 5-10　系统软件架构

四、系统模块详细设计

参考《煤矿监控系统中心站软件开发规范》的要求,我们将系统软件的总体结构分为阅读器参数信息配置模块、地理信息系统集成模块、监控主机实时运行子系统、数据库管理模块以及报表显示模块五个部分[35]。其系统工作流程如图 5-11 所示。

各组成部分的作用如下:

(1)阅读器参数配置模块。主要完成地点信息和阅读器工作状态的配置,并生成信息库,以供其他子系统的调用和处理[36]。

(2)地理信息系统集成模块。主要是按照网络传输协议,将监控主机采集到的实时数据发送到图形显示平台,以便管理人员及时了解井下作业人员的信息[19]。

(3)监控主机实时运行子系统。主要通过数据传送接口传输实时数据,这些数据是由动目标定位和跟踪系统定时巡检扫描各个阅读器采集的。同时根据这些实时数据信息,可完成表单显示、人员搜索、随机打印和系统报警等功能。

(4)数据库管理模块。对 RFID 读写器的数据进行采集、对采集到的数据进行储存、对采集数据进行处理,这些工作都是通过数据库模块实现的。系统组态软件的核心就是数据库。在本系统中数据库被分为两大部分:一是实时数据库;二是历史数据库。实时数据库一方面用来保存来自 RFID 读写器的实时信息,另一方面将上述信息定时写入历史数据库中。历史数据库则用于实现历史信息的查询和历史报表的生成[37]。这样可使数据库的读写速度得到有效提高。

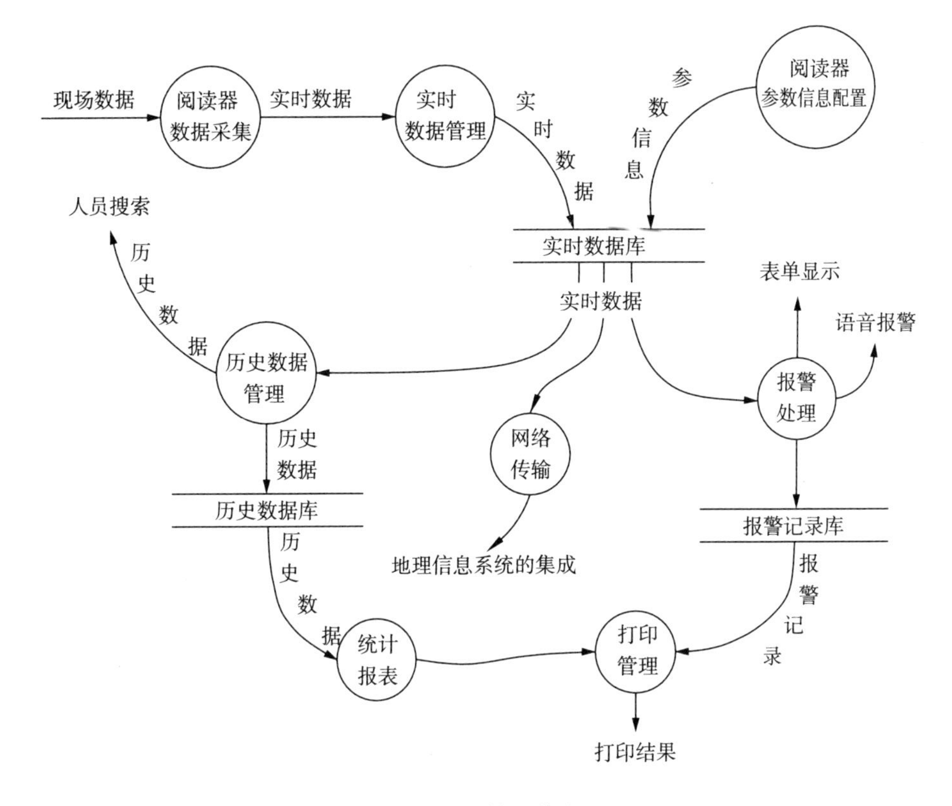

图 5-11 系统工作流程

(5)报表显示模块。对历史数据库中的现有数据进行加工处理,生成多种考勤表格,实现对井下作业人员考勤工作的信息化管理。

煤矿井下作业人员管理系统的主要功能是实现人员信息、定位、显示、存储、管理,以及考勤、轨迹等管理。系统模块是本系统最终获取有效信息的载体。如何建立灵活、安全、高效的系统软件是本章的主要内容。根据上述的总体构架,下面将对主要模块进行详细设计。

1. 系统管理模块设计

系统管理主要对系统基本信息进行管理,基于 .Net 2.0,采用 ASP. NET 开发,是保证系统正常运行所需要的基本模块,如图 5-12 所示。

该模块是系统的基本功能,是系统正常运行的基础。

(1)用户管理包括用户名、登录密码、用户权限、用户姓名等信息;

(2)煤矿信息包括煤矿名称、编号、核定入数等信息;

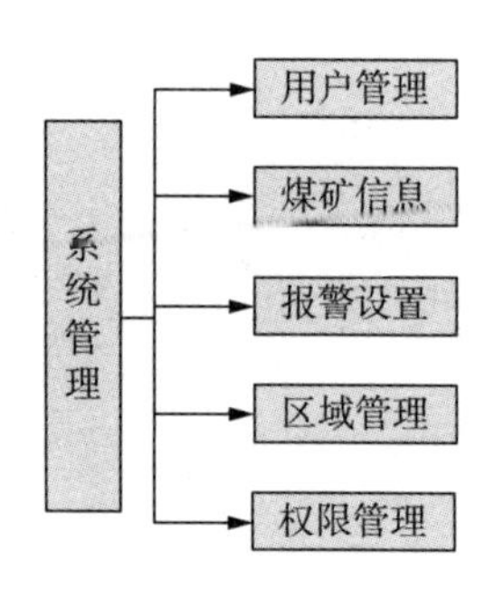

图 5-12　系统管理模块

(3)报警设置用于设置求救报警、超时报警、危险区域报警、欠压报警等信息；

(4)区域管理包括区域名称、区域类型、超员人数等信息；

(5)权限管理可以设置用户登录时控制的功能模块。

2. 设备管理模块设计

设备管理主要对系统硬件通信设备进行登记、管理、工作状态查看，如图 5-13 所示。

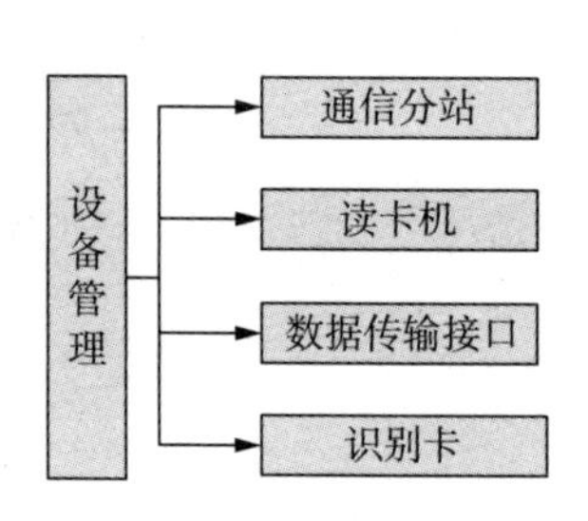

图 5-13　设备管理模块

(1)通信分站管理

人员定位系统中，分站主要起到通信数据透明传输功能，实现分叉线路数据独立传输，实时获取该分站的通信状态。

(2)阅读器(读卡机)设备的管理

该模块主要维护阅读器在系统中的名称以及网络地址。进入阅读器管理界面时会自动把当前系统中的所有阅读器显示出来，选择对应阅读器即可进行添加、删除、修改操作[38]。

(3)电子标签(识别卡)管理

主要管理电子标签在系统中的唯一 ID，并与员工个人信息进行关联维护，包括对电子标签的命令、震动、电池电量、入网控制等。

(4)传输接口

传输接口主要负责通信协议的转换，因此该设备的工作状态需要实时监控，保证系统的通信正常。

3. 人员信息管理模块设计

人员信息主要登记工作人员的基本信息，以及相关的部门、工种及班次等。

人员信息主要记录井下人员有关的信息，主要包括姓名、身份证号、性别、年龄、联系电话以及关联的班次、部门和工种等信息。

班次信息包括班次分类、最早上下班时间、最晚上下班时间、最大工作时间、最小工作时间、班次最小间隔时间等；

部门设置包括部门编号、部门名称、上级部门编号等；

工种设置包括工种编号、工种名称、特殊工种标识、带班领导标识等。

人员信息管理模块如图 5－14 所示。

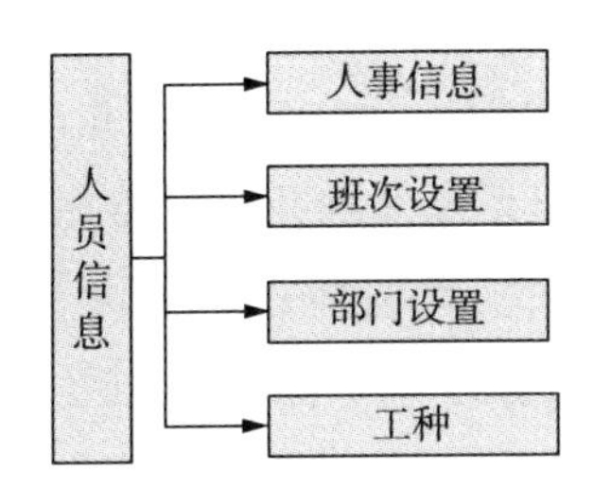

图 5－14　人员信息管理模块

4. 报警管理模块设计

人员定位系统的报警流程如图 5－15 所示。

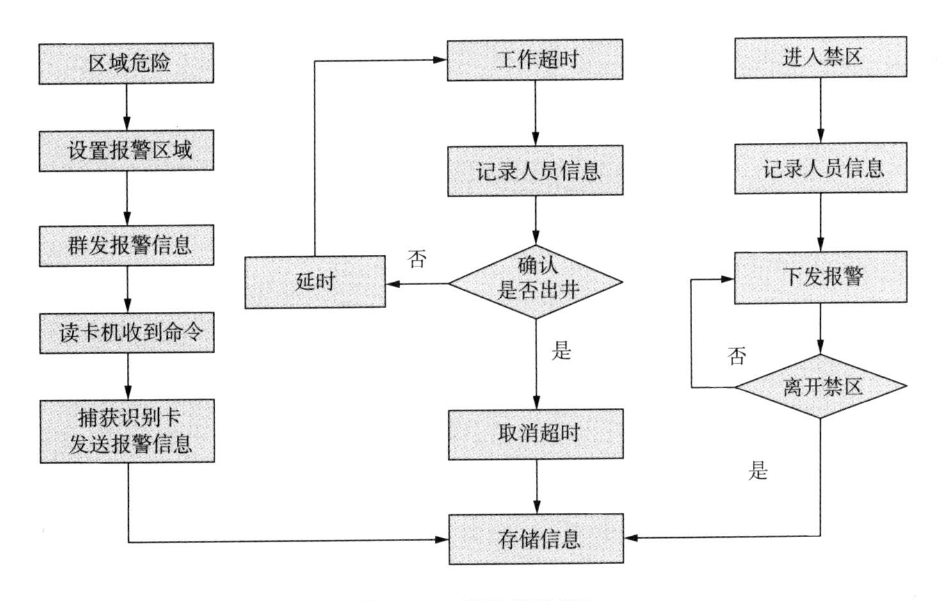

图 5－15　报警管理模块

报警通知管理模块主要有四个部分：

(1)禁区报警：对煤矿井下采空区或危险地带进行部署，当有工作人员误入时，阅读器会把闯入禁区的人员信息上报给定位系统管理软件，同时声光闪烁警告误入人员，软件会记录保存警告信息，并提示井上监控管理员[38]。

(2)超时报警：有时需要对入井工作人员限制井下滞留时间，当该人员入井超时未出井时，监控界面通告井上管理员，并记录此异常信息。

(3)紧急报警：当井下作业人员遇到紧急情况且需要井上人员救助时，只需长时间按下电子标签上的报警按钮，报警信息即可上传至井上监控软件，软件会把报警信息、人员位置及人员信息提示给井上管理员，并记录事件。

(4)下行报警：当井上监测系统发现井下异常时，需要撤出井下工作人员，这时可通过定位系统管理软件的报警通知管理模块下行发送报警信息，下行信息传到对应区域的阅读器或对应的电子标签，然后井下声光闪烁警示作业人员撤离[39]。

5. 数据查询模块设计

数据查询包括实时数据查询和历史数据查询，可以全面掌握作业人员当前的工作位置、状态、行走路线、工作考核等，如图 5-16 所示。

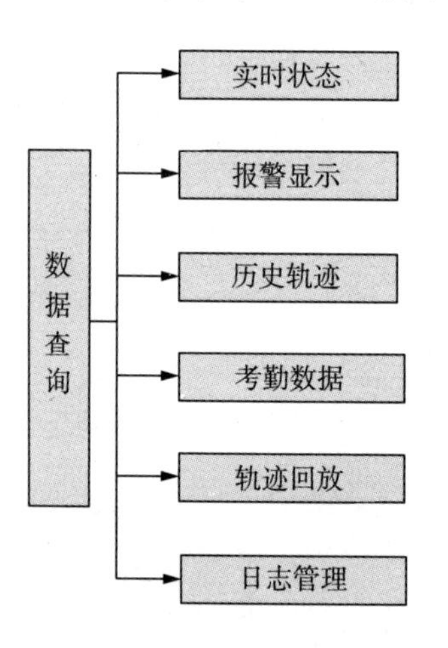

图 5-16　数据查询模块

以上模块中，考勤数据比较重要，当人员出井后，需要结合班次、工作时间、两次入井时间间隔等信息，生成并判断本次工作是否合格。

考勤管理流程如图 5-17 所示。

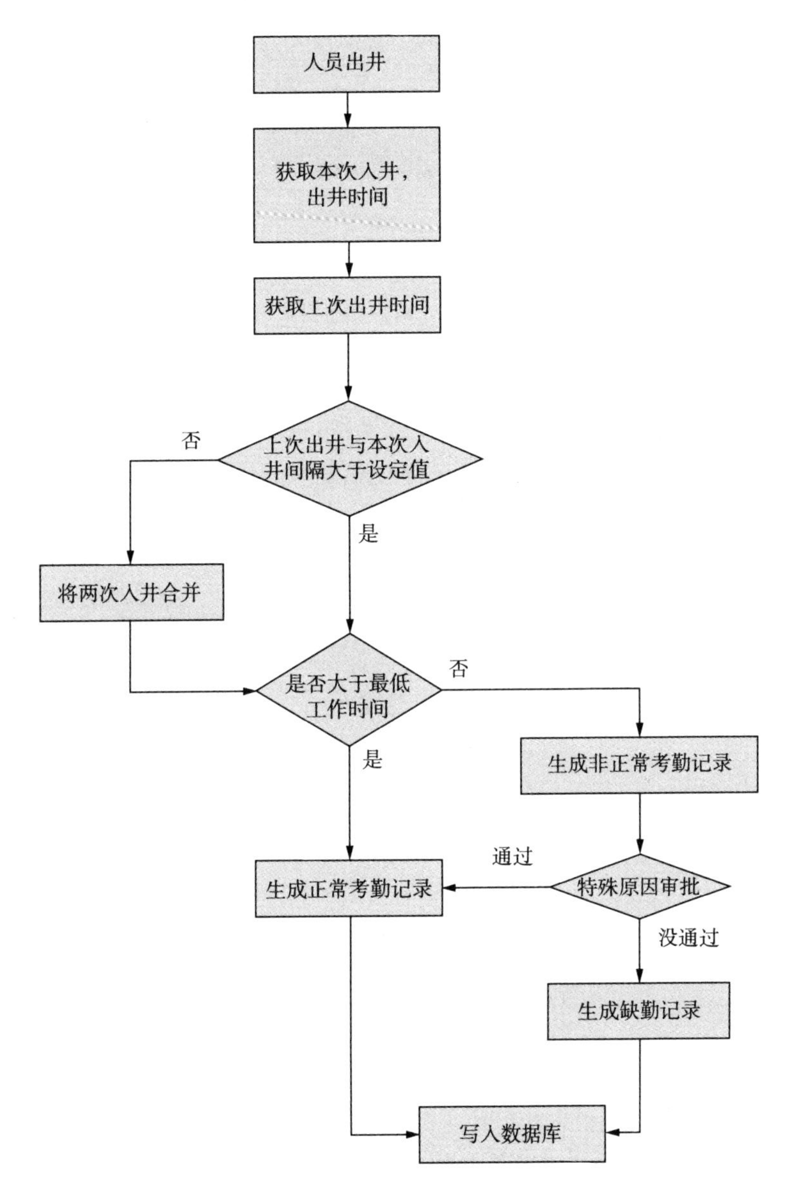

图 5－17　考勤管理流程

6. 数据通信软件设计

数据通信软件是系统的数据基础，它通过与井下设备实时通信，获取设备的运行情况、工作人员的实时位置和状态，主要完成任务命令下发、数据接收、数据解析及存储，如图 5－18 所示。

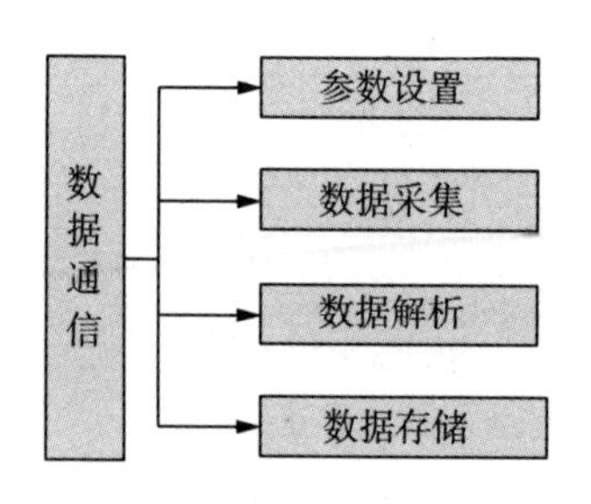

图 5-18　数据通信模块

为了提高通信的质量和效率，该模块采用 VC++开发独立的数据通信程序，程序采用多线程技术同时对多个串口进行操作，数据解析存储开设了一个独立线程，通过事件对数据指针进行处理[40]。系统通信软件工作流程如图 5-19 所示。

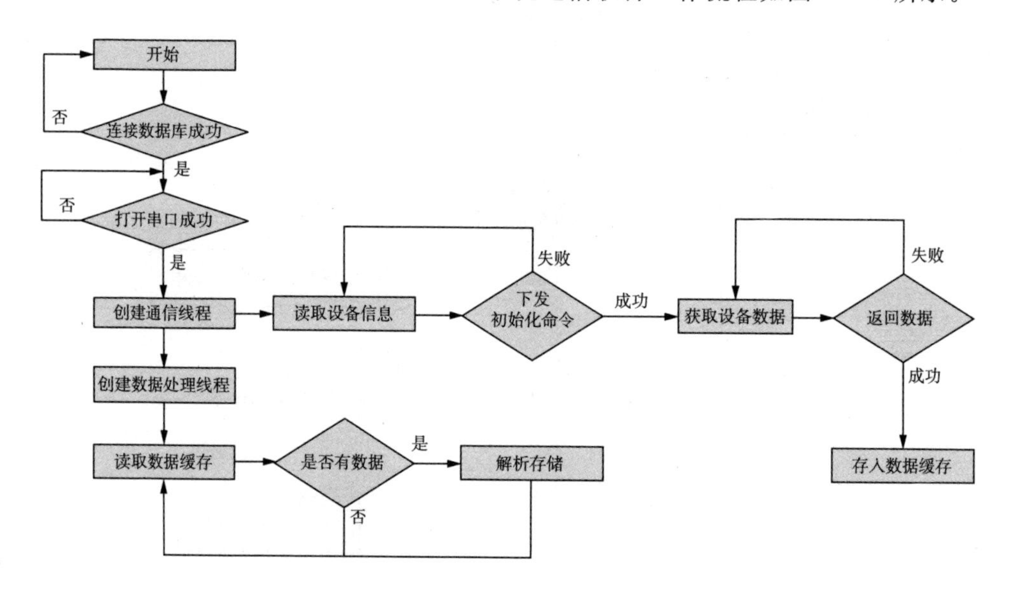

图 5-19　系统通信软件工作流程图

通信程序运行前，将从配置文件加载配置信息，在程序退出时将配置信息写入配置文件。配置信息主要包括连接数据库信息、串口通信参数信息、系统通信超时、数据库同步启用、巡检周期等。

五、系统数据库设计

完成人员定位系统的开发，数据库设计是关键，从逻辑设计到物理设计，每个环节随着系统开发过程的不断深入，随时会碰到一些问题，因此，好的数据库设计是整个软件开发的基础。

数据库设计方案能够保障系统运行过程中具有较少的数据冗余，并且能够有效降低应用程序与数据库通信过程中的IO异常发生概率[41]。

1. 概念结构设计

概念结构设计是整个数据库设计的关键，它通过对用户需求进行综合、归纳和抽象，形成一个独立于具体DBMS的概念模型[42]。概念模型一般采用E－R图来描述。信息系统的E－R图没有标准答案，因为它的设计与画法不是唯一的，只要它覆盖了系统需求的业务范围和功能内容，就是可行的。反之要修改E－R图。尽管它没有唯一的标准答案，但并不意味着可以随意设计。

好的E－R图的标准是：结构清晰、关联简洁、实体个数适中、属性分配合理、没有低级冗余。针对煤矿井下作业人员管理系统的E－R图，如图5－20所示。

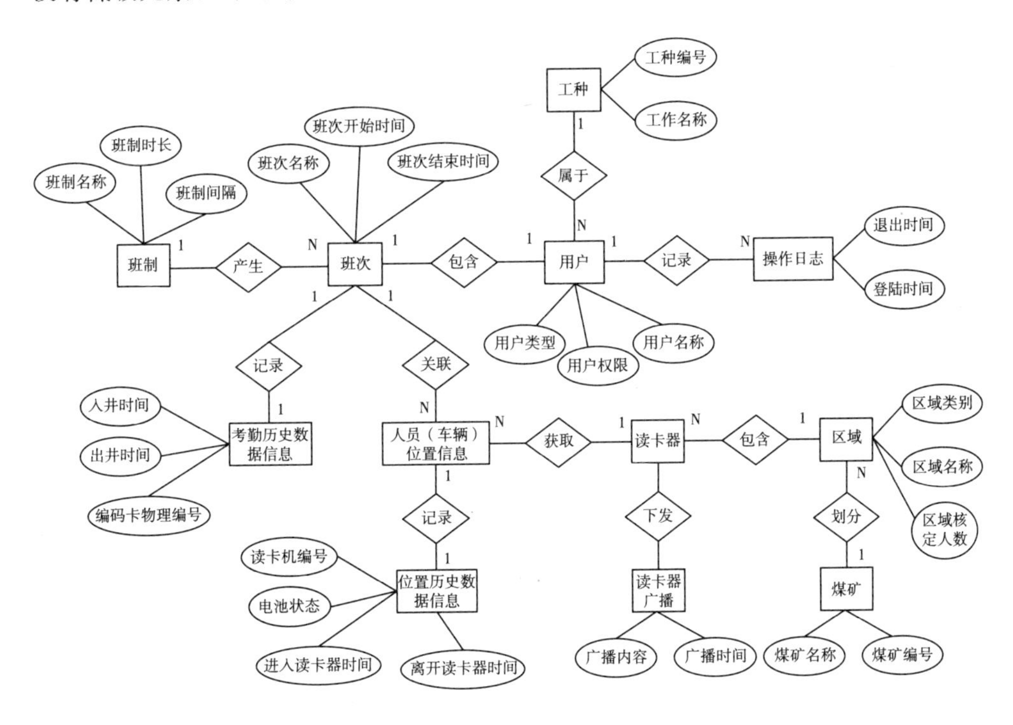

图5－20 系统E－R图

2. 数据库逻辑结构设计

井下作业人员管理系统的数据库逻辑模型设计将根据系统各个功能模块的需

求进行设计。本小节将对系统的系统管理、设备管理、人员信息、数据查询、数据通信等功能模块的数据库逻辑模型进行设计，并描述数据实体之间的相互关系。

(1)系统管理逻辑结构模型

系统管理模型涉及用户信息、煤矿信息、区域管理和权限管理，逻辑设计图如图 5-21 所示。

用户信息包括用户 ID，登录名、密码、姓名、权限 ID；

煤矿信息包括煤矿 ID、煤矿名称、位置、核定工作人数；

区域管理包括区域 ID、名称、核定人数；

权限管理包括权限 ID、权限名称、权限列表。

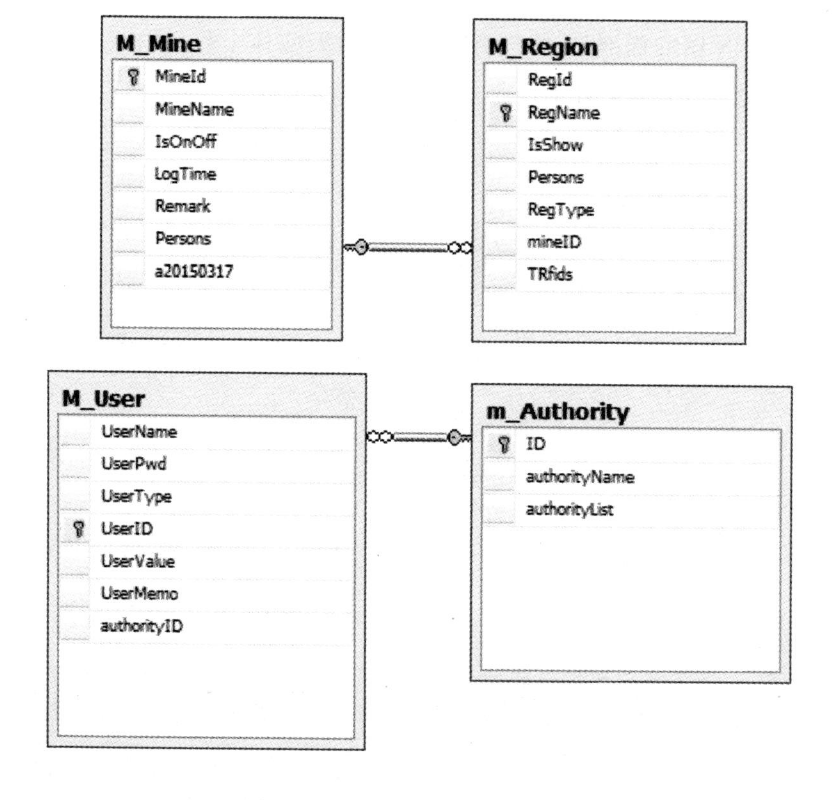

图 5-21 系统管理逻辑结构模型

(2)设备管理涉及通信分站管理、阅读器管理、数据传输接口管理和电子标签卡管理，逻辑设计图如图 5-22 所示。

分站信息包括分站 ID、分站类型、安装位置、安装时间、电源状态、通信状态；

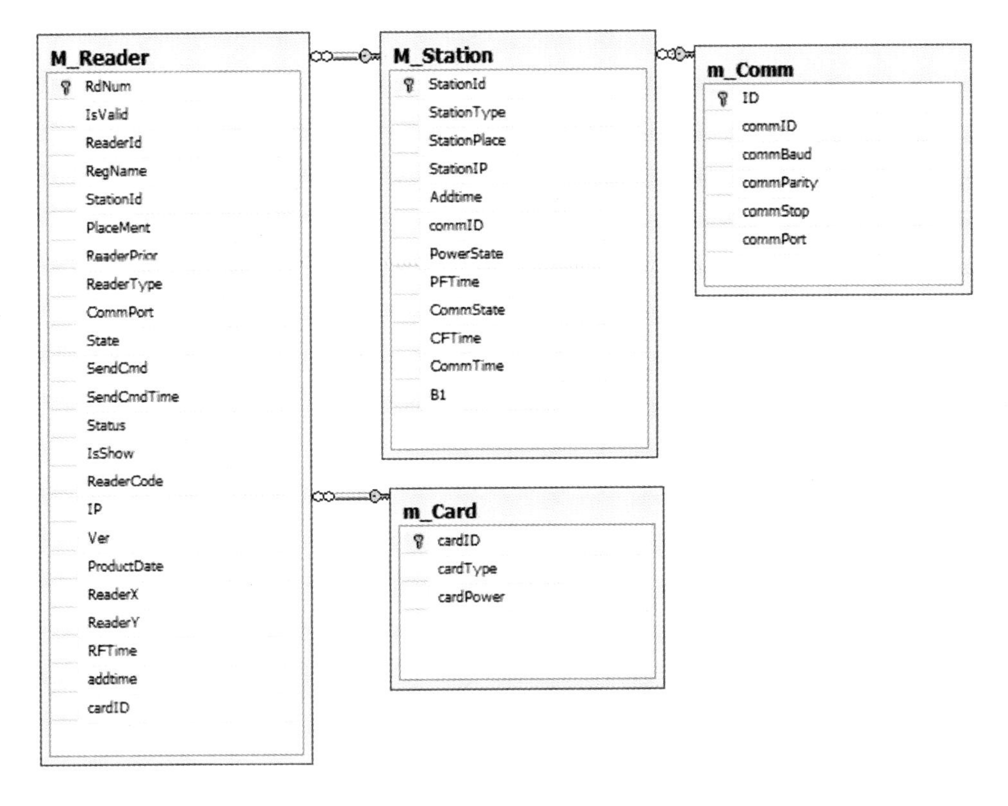

图 5－22 系统设备管理逻辑结构模型

阅读器信息包括唯一编号、端口号、坐标、所属分站、所属区域、状态、安装位置、通信端口等；

电子标签卡信息包括卡编号、卡类型、卡电池状态；

通信端口设置包括串口波特率、端口号、校验位、停止位等基本设置；

(3)人员信息包括人事信息、工种、部门、报警及班次等，逻辑设计图如图 5－23 所示。

人员信息包括人员编号、电子标签卡编号、部门 ID、工种 ID、性别、年龄、身份证号、联系电话、当前入井时间、所属班次、当前所在位置、进入时刻、离开时刻、当前状态、电子标签卡电量等；

班次信息包括班次 ID、班次类型、超时时间、最小工作时间、班次间隔时间、最早上下班时间、最晚上下班时间等；

部门信息包括部门编号、部门名称；

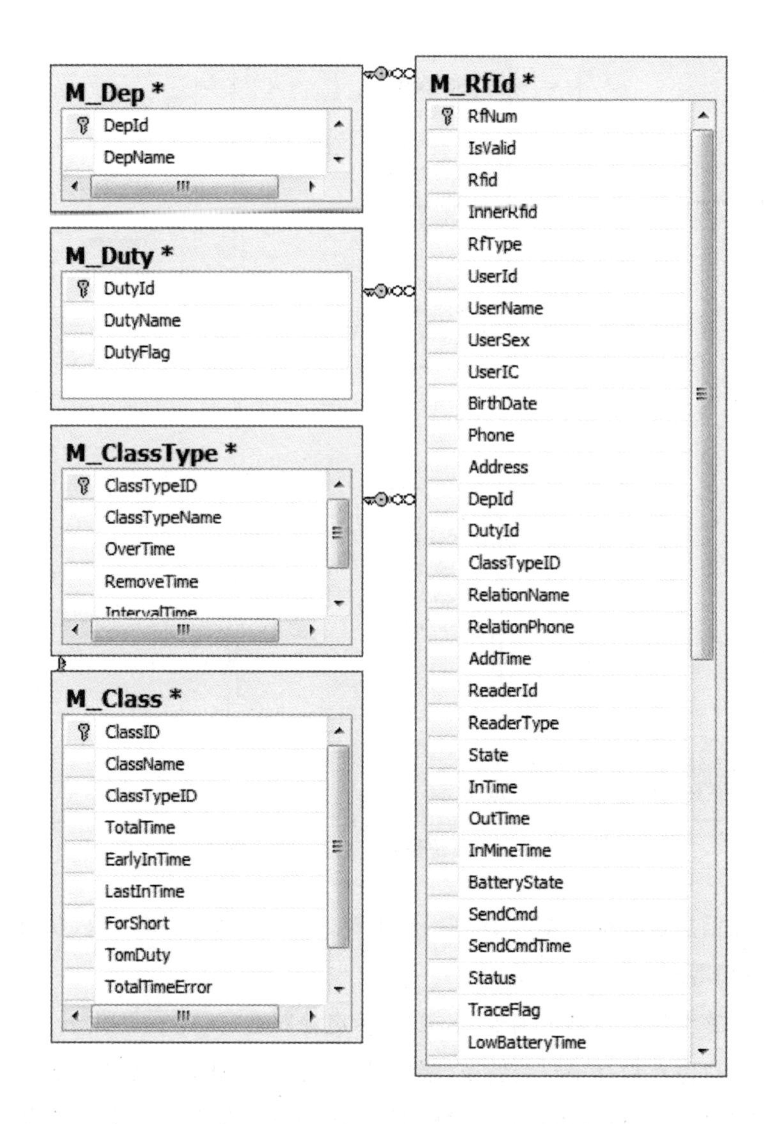

图 5－23　系统人员信息逻辑结构模型

报警设置包括报警 ID、类型、声音文件、是否自动弹出、连续报警次数；

工种信息包括工种编号、工种名称、带班领导标志等。

(4)数据查询分为实时数据查询和历史数据查询两部分。主要包括考勤查询、轨迹查询等信息。逻辑设计图如图 5－24 所示。

考勤信息包括人员 ID、入井时间、出井时间、所属班次等信息；

历史轨迹查询包括人员 ID、识别卡 ID、状态、进入时间、电池状态、保存时间等

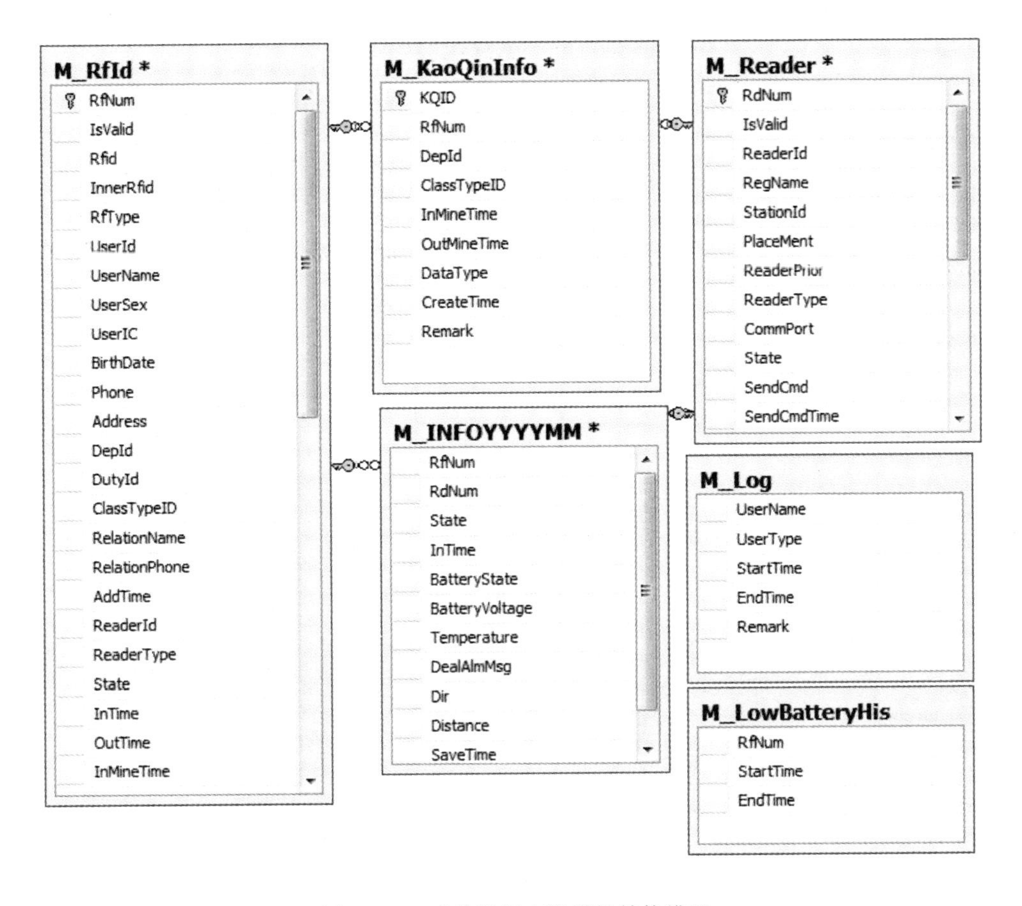

图 5-24 系统数据查询逻辑结构模型

信息。

(5)数据通信模块主要完成对井下设备通信,并对数据进行解析、存储,该模块依托历史表进行数据存储。

3. 数据库物理模型设计

系统数据库总体物理模型设计如图 5-25 所示。

4. 数据库表结构设计

把概念设计阶段的数据进行分解、合并后重新组织起来的数据库全局逻辑结构,包括所确定的关键字和属性、重新确定的记录结构和文卷结构、所建立的各个文卷之间的相互关系,形成本数据库的数据库管理员视图[43]。

由于篇幅限制,此处仅介绍部分数据库表。

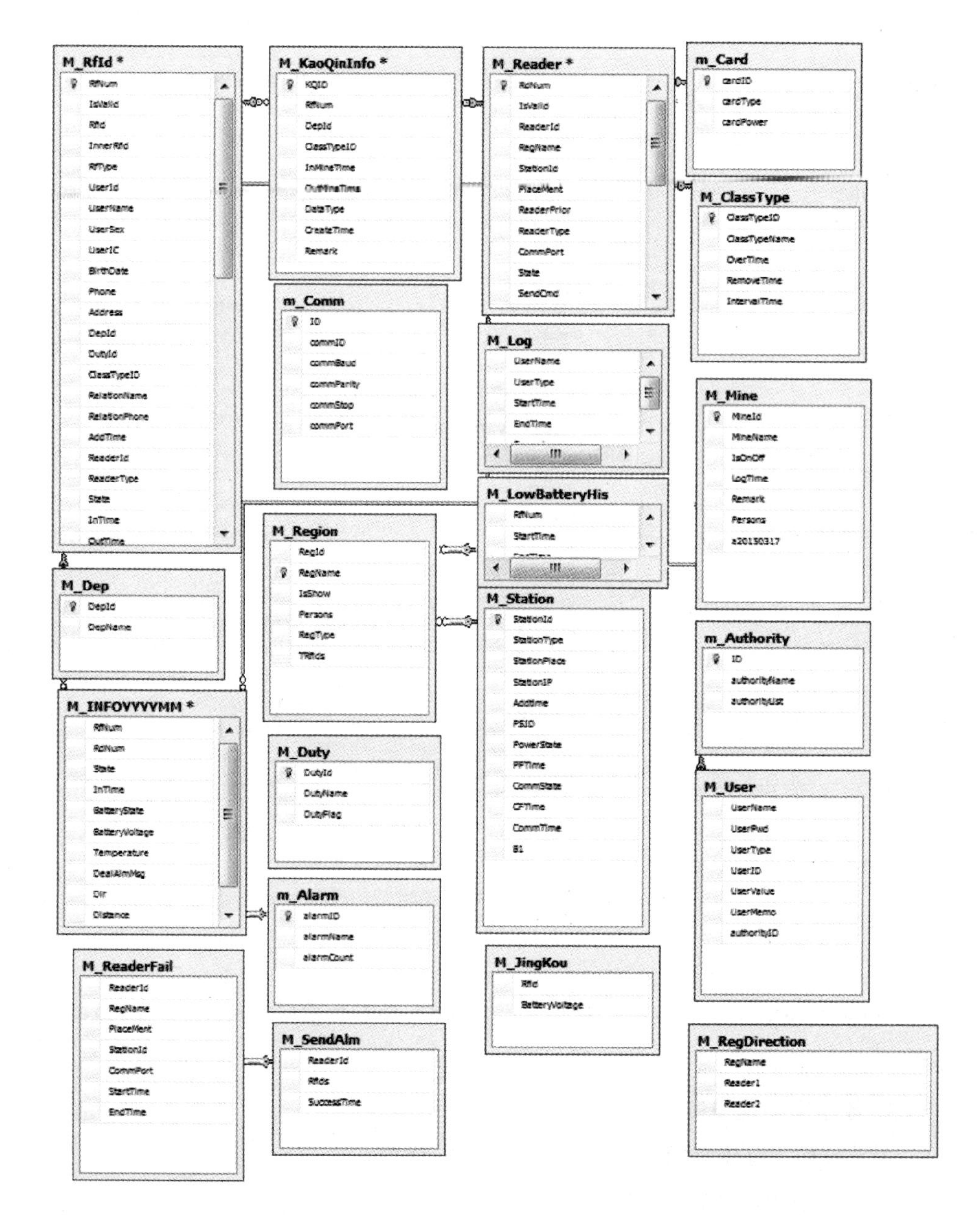

图 5-25 系统总体功能数据库物理模型设计

(1)用户权限信息表

用户权限信息表(M_User)用于存放用户权限信息,包括用户名、密码、用户编号等字段,见表 5-1 所列。

表 5-1　M_User:用户权限信息表

Item 字段名	Name 名称	Type 数据属性	Length 外部长度	Null 是否空	Description 说明
UserName	用户名称	varchar	50		
UserPwd	登录密码	varchar	50		
UserType	用户类型	bit	1		用户权限级别 0 超级用户, 1 管理员
UserID	用户 ID	uniqueidentifier		否	
UserValue	用户权限	varchar	500		用户具体功能权限
UserMemo	备注	varchar	50		用户

(2)日志信息表

日志信息表(M_Log),用于存放用户操作系统的相关日志信息,包括用户登录及退出时间、用户名称等,见表 5-2 所列。

表 5-2　M_Log:日志信息表

Item 字段名	Name 名称	Type 数据属性	Length 外部长度	Null 是否空	Description 说明
UserName	用户名称	varchar	50		
UserType	用户类型	bit	1		0 超级用户,1 管理员
StartTime	登录时间	datetime	8		登录系统时间
EndTime	退出时间	datetime	8		退出系统时间
Remark	备注	varchar	500		

说明:每条记录说明某个用户(相关信息体现在 username,usertype)一次使用系统的信息,程序打开的时候默认为管理员用户。实际上在使用中这个表存储的内容是程序启动的时间,包括主程序、双机热备程序等,只用到了 UserName、StartTime 两个字段,其中 UserName 存储启动的程序名称,StartTime 存储启动的时间。

(3)煤矿信息表

煤矿信息表(M_Mine)存放煤矿基本信息,包括煤矿名称、煤矿编号等字段,见

表 5－3 所列。

表 5－3　M_Mine:煤矿信息表

Item 字段名	Name 名称	Type 数据属性	Length 外部长度	Null 是否空	Description 说明
MineId	煤矿编号	varchar	8	N	主键
MineName	煤矿名称	varchar	50		
IsOnOff	正常关机	bit	1		记录是否正常退出系统
LogTime	登录时间	datetime	8		实际使用中该字段值由主通讯程序定期更新，网页访问
Remark	备注	varchar	100		
Persons	核定人数	int	4		核定井下人数井下，如果超过这个人数系统报警
aYYYYMMDD	版本号	int	4		此字段用来记录数据库版本号，字段名命名规则为 a＋YYYYMMDD(版本号)

(4)区域信息表

区域信息表(M_Region)用于存放煤矿内部各区域(或分站)信息，包括区域类别、区域核定人数等字段，见表 5－4 所列。

表 5－4　M_Region:区域信息表

Item 字段名	Name 名称	Type 数据属性	Length 外部长度	Null 是否空	Description 说明
RegId	tinyint	区域编号	1		
RegName	varchar	区域名称	50	N	主键
IsShow	bit	是否显示表识	1	N	如果设为显示那么这个区域参与相关统计，否则不参与。 1 显示(默认)， 0 不显示

（续表）

Item 字段名	Name 名称	Type 数据属性	Length 外部长度	Null 是否空	Description 说明
Persons	Int	区域核定人数	4		实际使用中区域中的人数超过这个数目时，系统报警
RegType	int	区域类别	4		1 普通区域 2 重点区域 3 限制区域
TRfids	varchar	指定人员卡号	500		当区域类型为“限制区域”时，可指定只允许特定卡号进入。 如不填写，则不允许任何人进入。在前台显示中表现为“禁区报警”，以“#”隔开

（5）M_Reader：读卡机信息表

读卡机信息表（M_Reader）用于记录读卡机（阅读器）基本信息，包括读卡机编号、通信状态、端口等字段，见表 5-5 所列。

表 5-5　M_Reader：读卡机信息表

Item 字段名	Name 名称	Type 数据属性	Length 外部长度	Null 是否空	Description 说明
RdNum	读卡机唯一编码	varchar	10	N	也可理解为读卡机软件内部编码，与 ReaderId 一一对应
IsValid	是否有效标识	bit	1	N	1 有效（默认值），0 删除。为 1 时参见 IsShow 字段的值判断是否参与统计，置为 0 时该读卡机信息不参与相关的统计
ReaderId	读卡机编号	varchar	8	N	
ReaderX	读机位置 x	float	8		

（续表）

Item 字段名	Name 名称	Type 数据属性	Length 外部长度	Null 是否空	Description 说明
ReaderY	读机位置 y	float	8		
RegName	区域名称	varchar	50		读卡机所在区域名称（外键）
StationId	分站编号	int	4		读卡机连接的分站号（M_Station 表外键）
PlaceMent	安装位置	varchar	50		读卡机安放位置
ReaderPrior	读卡机扫描优先级	varchar	1		0 参加扫描（默认是 0）；1 挂起；2 最高级。
ReaderType	读卡机类型	tinyint	1		读卡机类型 0 井下定位；1 井口考勤；2 井底考勤；3 井下禁区
CommPort	通讯端口	tinyint	1		
State	通讯状态	bit	1		0 通讯不正常，1 通讯正常
SendCmd	发送消息	tinyint	1		
SendCmdTime	发送消息时间	datetime	8		
Status	消息发送状态	bit	1		0 未成功，1 成功
IsShow	是否显示	bit	1	N	0 是隐藏，1 显示（默认 1）
ReaderCode	读卡机外部编码	varchar	50		读卡机外部编码，默认与读卡几内部编码相同
IP	读卡机 IP	varchar	15		用于 TCP/UDP 的方式访问读卡机
Ver	版本号	float	8		读卡机版本号
ProductDate	生产日期	varchar	50		读卡机生产日期
RFTime	读卡机通讯中断时刻	datetime	8		
Addtime	读卡机添加时间	datetime	8		
StationID2	二级分站 ID	int	4		二级分站（普通分站）ID

(6)读卡机的下发广播信息表

读卡机的下发广播信息表(M_SendAlm)用于存放读卡机的下发广播信息,每条记录描述了一个读卡机下发通知的相关信息,见表 5-6 所列。

表 5-6 M_SendAlm:读卡机的下发广播信息表

Item 字段名	Name 名称	Type 数据属性	Length 外部长度	Null 是否空	Description 说明
ReaderId	读卡机编号	varchar	8		
Rfids	接受通知人员编码卡号	varchar	1250		接受报警的编码卡编号序列
SuccessTime	通知成功下发时间	datetime	8		

(7)班制信息表

班制信息表(M_ClassType)用于存放班制信息,该表每条记录描述一个班制,间隔时长是指同一个人连续两次下井的间隔时间,如果这两次下井的时间间隔小于设定工种工作时间,那么认为这两次下井为一个班次的两次下井,如果大于设定工种工作时间,则认定这两次下井属于不同的班次,见表 5-7 所列。

表 5-7 M_ClassType:班制信息表

Item 字段名	Name 名称	Type 数据属性	Length 外部长度	Null 是否空	Description 说明
ClassTypeID	班制编号	varchar	8	N	班次制式的标识主键,如“A01”等
ClassTypeName	班制名称	varchar	50	N	班制名称如三八制,四六制等
OverTime	超时时长	smallint	2		在井下工作超过该时间认为超时
RemoveTime	移出升井时长	smallint	2		在井下工作超过该时间移出升井
IntervalTime	间隔时长	smallint	2	N	同一个班制,连续两次下井间隔最大时长,如果超过这个间隔认为上了两次班

(8)班次信息表

班次信息表(M_Class)用于存放班次信息,每条记录描述了某个班制(由ClassTypeId决定)的一个班次。TomDuty:判断这个班次对应的考勤时间,如tomduty=1时,如果23日下井,考勤就算24日的考勤,见表5-8所列。

表5-8 M_Class:班次信息表

Item 字段名	Name 名称	Type 数据属性	Length 外部长度	Null 是否空	Description 说明
ClassId	班次编号	int	4	N	班次的唯一标识
ClassName	班次名称	Varchar	50	N	
ClassTypeId	班次类别编号	Varchar	8	N	班次对应的班制的编号
TotalTime	班次井下时间	Smalllint	2	N	班次对应的井下工作时间
EarlyInTime	班次最早下井时间	Smalllint	4	N	在该时间之前下井视为无效
LastInTime	班次最晚下井时间	Smalllint	4	N	在该时间之后下井视为无效
ForShort	班次名称简称	Varchar	4		例如班次名称“夜班”可称为“夜”
TomDuty	班次顺延	Smalllint		N	0为当日考勤,-1为昨日考勤(默认为0)
TotalTimeError	班次误差时间	Smalllint	4	N	班次要求的井下工作时间的灵活补充

(9)工种信息表

工种信息表(M_Duty)用于存放工种信息,包括工种名称、编号等字段,见表5-9所列。

表5-9 M_Duty 工种信息表

Item 字段名	Name 名称	Type 数据属性	Length 外部长度	Null 是否空	Description 说明
DutyId	工种编号	smallInt	2	N	自增

（续表）

Item 字段名	Name 名称	Type 数据属性	Length 外部长度	Null 是否空	Description 说明
DutyName	工种名称	varchar	50		例如:瓦检工
DutyFlag	干部标识	bit	1		1为干部工种,0为普通工种

说明:每条记录描述一个工种。

(10)人员(车辆)信息表

人员(车辆)信息表(M_RfId),系统以RFID电子标签标识用户或井下车辆,该表则记录了一个编码卡以及编码卡相关联的人员信息,见表5-10所列。

表5-10 M_RfId:人员(车辆)信息表

Item 字段名	Name 名称	Type 数据属性	Length 外部长度	Null 是否空	Description 说明
RfNum	编码卡物理编码	varchar	10	N	主键
IsValid	是否有效	bit	1	N	0为无效,1为有效(默认),
Rfid	编码卡编号	varchar	8	N	
InnerRfid	编码卡物理编号	varchar	8		
RfType	编码卡类型	bit	1		0人员,1设备
UserId	用户ID	varchar	8		编码卡对应的员工的ID
UserName	用户名	varchar	20		
UserSex	性别	varchar	2		
UserIC		varchar	20		
BirthDate	出生日期	varchar	20		
Phone	联系电话	varchar	20		
Address	家庭住址	varchar	20		
DepId	部门编号	varchar	8		
DutyId	工种编号	smallint	2		

（续表）

Item 字段名	Name 名称	Type 数据属性	Length 外部长度	Null 是否空	Description 说明
ClassTypeID	班制编号	varchar	8		员工分配的班制
RelationName	联系人姓名	varchar	20		
RelationPhone	联系电话	varchar	20		
Photo	相片	image	16		
AddTime	添加时间	datetime	8		
ReaderId	读卡机编号	varchar	8		最近捕获该编码卡的读卡机号
ReaderType	读卡机类型	tinyint	1		最近捕获该编码卡的读卡机类型 0 井下定位机;1 井口考勤机；2 井底考勤机;3 井下禁区读卡机 255 为未知状态（记默认数值）
State	编码卡状态	tinyint	1		1 正常;2 求救;3 禁区;5 表示禁区+求救;8 离开读卡机 16 读卡器故障，编码器状态未知
InTime	进入时间	datetime	8		编码卡进入最近的读卡机的时间
OutTime	离开时间	datetime	8		编码卡离开最近的读卡机的时间
InMineTime	下井时间	datetime	8		
BatteryState	电池状态	bit	1		0 为正常,1 为欠压
SendCmd	发送通知	tinyint	1		是否发送通知
SendCmdTime	发送通知时间	datetime	8		
Status	通知发送成功标识	bit	1		0 未成功,1 成功

（续表）

Item 字段名	Name 名称	Type 数据属性	Length 外部长度	Null 是否空	Description 说明
TraceFlag	跟踪标记	bit	1		0 表示“否”，1 表示“是”
LowBatteryTime	电池欠压时间	datetime	8		
IsShow	是否可见	bit	1	N	1 表示可见，0 表示不可见
IsInRegion	是否在区域内	bit	1		1 在区域内，0 在区域外
BatteryVoltage	电池电压	float	8		
Temperature	环境温度	float	8		
VerRfid	编码卡版本号	float	8		
ProductDate	生产日期	varchar	50		
LastInMineTime	上次入井时间	datetime	8		
LastOutMineTime	上次出境时间	datetime	8		
TReaders	必经读卡机编号序列	varchar	500		人员下井必须经过设定的读卡机位置（无序），否则认为未按指定路线行走。填写样式（注意前后＃号不能少）：＃11＃12＃13＃
rfidtype	人员分工	int	4		0 普通人员，1 带班领导，2 特种人员
LastReaderID	上次进入读卡机的 ID	varchar	8		
LastState	上次进入状态	tinyint	1		上次进入读卡机时的状态
LastInTime	上次进入时间	datetime	8		

(11)历史数据信息表

历史数据信息表(M_InfoYYYYMM),每条记录表示一个编码卡经历的一个读卡机的情况,根据这个表可以得出某个员工的行进轨迹。STATE:编码卡进入或者离开读卡机时的状态,1 正常;2 求救;3 禁区;5 表示禁区+求救;8 离开读卡机,见表 5-11 所列。

表 5-11 M_InfoYYYYMM:历史数据信息表

Item 字段名	Name 名称	Type 数据属性	Length 外部长度	Null 是否空	Description 说明
RfNum	编码卡编号	int	4		可理解为软件内部编码
RDNUM	读卡机编号	Varchar	50		编码卡经过的读卡机编码
InTime	进入或离开读卡机时间	Datetime	8		进入或离开读卡机时间
State	编码卡状态	Tinyint	1		编码卡进入或离开读卡机的状态:1 正常,2 求救,3 禁区,5 禁区+求救,8 离开读卡机
BatteryState	电池状态	Bit	1		电池状态:0 为正常,1 为欠压
BatteryVoltage	电池电压	float	8		电池电压低于 2.5V 时欠压
Temperature	环境温度	float	8		
DealAlmMsg	发送信息记录	varchar	500		主程序向编码卡发送命令的记录
SaveTime	存储时间	datetime	8		数据写入数据库时间

(12)考勤历史数据表

考勤历史数据表(M_KaoQinInfo),一个记录代表一次入井和出井记录,通过这些记录可以得到员工的考勤情况，见表 5 - 12 所列。

表 5 - 12　M_KaoQinInfo：考勤历史数据表

Item 字段名	Name 名称	Type 数据属性	Length 外部长度	Null 是否空	Description 说明
KQID	考勤编号	bigint	8	N	自增
RfNum	编码卡物理编码	Varchar	10	N	可理解为软件内部编码
DepId	部门编号	Varchar	8		
ClassTypeID	班制编号	varchar	8		
InMineTime	入井时间	datetime	8		考勤的入井时间
OutMineTime	升井时间	datetime	8		考勤的出井时间
DataType	考勤数据类型	tinyint	1		考勤数据类型：1 正常考勤，2 手动添加，3 手动修改，4 超时移出
CreateTime	创建时间	datetime	8	N	这条记录的生成时间
Remark	备注信息	varchar	200		说明是否为手动添加等

说明：一个记录代表一次入井和出井记录，通过这些记录可以得到员工的考勤情况。

第六章　系统的实现与测试

按照前述的功能模块和开发环境的选择，对系统进行逐步的开发和测试，关键技术的研究及核心代码实现如下所述。

第一节　系统软件的实现

一、系统管理模块实现

本系统软件操作总的流程略图如图 6－1 所示。考勤管理和报警处理流程在第四章中已讨论过，本图以轨迹回放流程为主线来表示系统软件的操作流程。

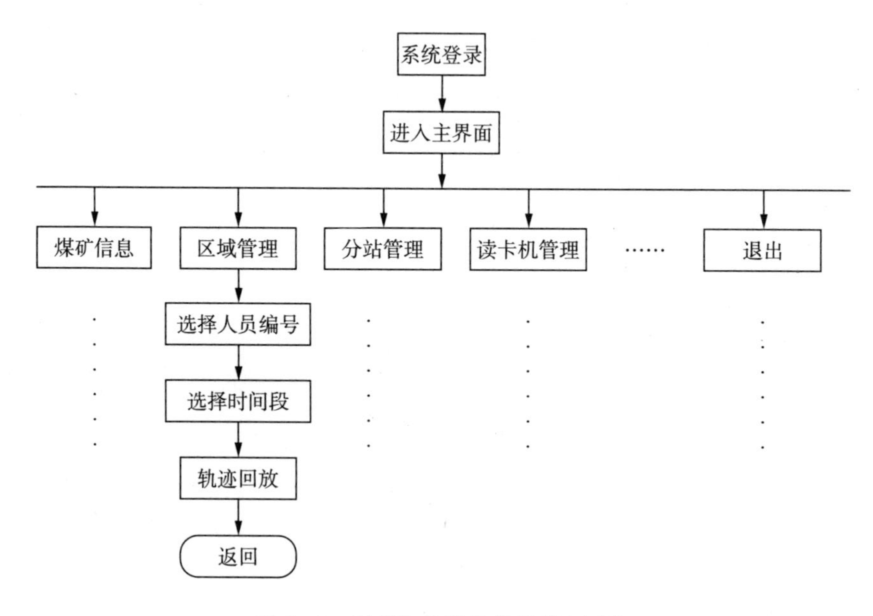

图 6－1　系统软件操作总流程（略图）

登录后可以根据用户权限进行设置管理模块，如图 6-2 所示打开系统首页，填入用户名和用户密码，点击“登录”即可进入本系统。

1. 登录界面

默认情况下系统登录页面用户名处有两个可供选择用户，一个是系统管理员负责管理后台，比如添加系统管理员、井下矿工、分站监测点、读卡器、部门、班次等等信息。一个是普通管理员，负责浏览信息，选中密码右侧的记住密码，下次再登陆系统即可不输入系统用户名和密码直接登录系统。

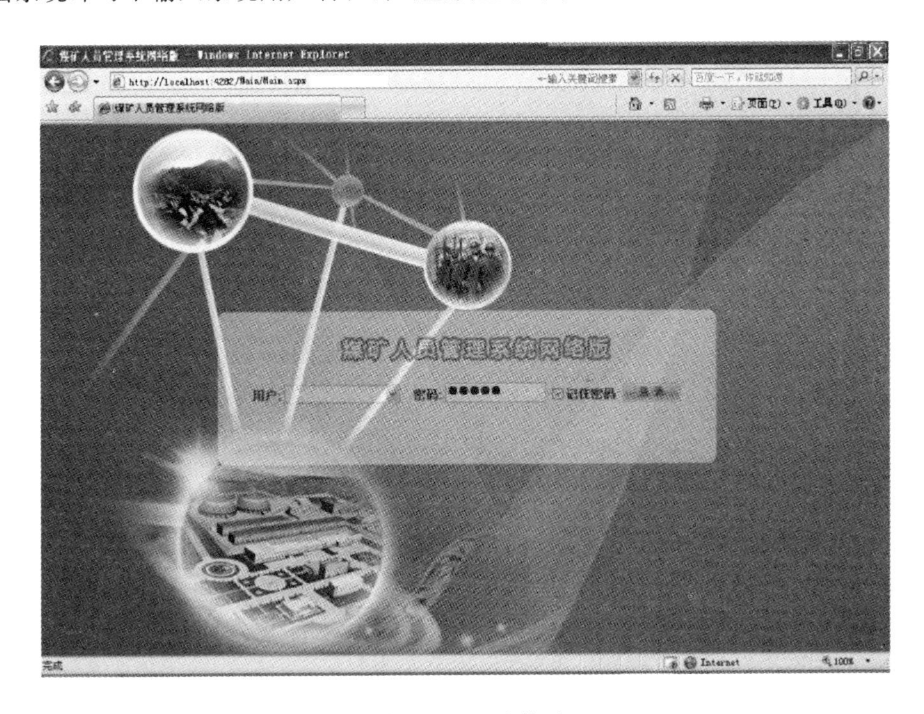

图 6-2 登录首页

2. 数据加密

数据库里面保存的密码是经过 MD5 算法加密后的密文，从而增加安全性。实现的程序代码是常用代码，此处不赘述。

二、设备管理模块实现

1. 阅读器设备管理

阅读器设备管理具有信息显示，修改和删除功能，如图 6-3 所示，软件在实现时，将阅读器相关的控制信息定义为结构进行操作。

序号	读卡机号	安装位置	所在区域	类型	网口分站	串口分站	串口/通道	优先级	数据操作
1	14	井口停车场	井口考勤区	井口考勤	129		2	正常	编辑 删除
2	1	1#副斜井井口	井口考勤区	井口考勤	129		2	正常	编辑 删除
3	13	2#副井拐弯处	井口考勤区	井口考勤	129		3	正常	编辑 删除
4	2	2#副斜井井口	井口考勤区	井口考勤	129		3	正常	编辑 删除
5	3	1#副斜井拐弯处	井口考勤区	井口考勤	129		2	正常	编辑 删除
6	9	主斜井口向下50米	井口考勤区	井口考勤	129		1	正常	编辑 删除
7	90	S1229胶运机头	南翼1229	井下定位	203		1	正常	编辑 删除
8	93	北翼排矸斜井井口	北翼排矸斜井	井下定位	137		2	正常	编辑 删除
9	94	北翼排矸斜井井底	北翼排矸斜井	井下定位	137		2	正常	编辑 删除
10	95	北翼2-2煤避难硐室辅运侧	北翼2-2煤区域	井下定位	132		3	正常	编辑 删除
11	96	北翼2-2煤避难硐室胶运侧	北翼2-2煤区域	井下定位	132		3	正常	编辑 删除
12	97	北翼1-2煤避灾硐室胶运侧	北翼1-2煤区域	井下定位	134		3	正常	编辑 删除
13	98	北翼1-2煤避灾硐室辅运侧	北翼1-2煤区域	井下定位	134		3	正常	编辑 删除
14	99	北翼3-1煤救生舱内	北翼3-1煤区域	井下定位	131		3	正常	编辑 删除
15	34	北翼1-2煤胶运机头	北翼1-2煤区域	井下定位	134		2	正常	编辑 删除
16	39	北翼2-2煤采区变电所室内	北翼2-2煤区域	井下定位	132		2	正常	编辑 删除
17	40	北风井井口	北风井地面	井下定位	136		1	正常	编辑 删除
18	43	南翼2-2煤胶运12号横贯	南翼2-2煤区域	井下定位	253		2	正常	编辑 删除
19	44	中央5#救生舱内	北翼中央巷区域	井下定位	130		1	正常	编辑 删除
20	45	中央5#救生舱外	北翼中央巷区域	井下定位	130		1	正常	编辑 删除
21	46	南翼2-2煤辅运12号横贯	南翼2-2煤区域	井下定位	253		2	正常	编辑 删除

图 6-3　阅读器设备管理

(1)索取阅读器的状态

```
typedef struct
{
    BYTE msgCode;            //消息码(1 字节)<CDN_GET_ROUTER_STATE>
    BYTE stationNum;         //分站号(1 字节)
    BYTE longAddr[2];        //长地址(2 字节)
}CAN_Get_Router_State;
```

(2)索取阅读器版本信息

```
typedef struct
{
    BYTE msgCode;            //消息码(1 字节)<CDN_GET_VERSION_ROUTER>
    BYTE stationNum;         //分站号(1 字节)
    BYTE longAddr[2];        //长地址(2 字节)
}CAN_Get_Version_Router;
```

(3)索取阅读器机供电状

```
typedef struct
{
    BYTE msgCode;            //消息码(1 字节)<CDN_GET_POWER_STATE>
    BYTE stationNum;         //分站号(1 字节)
```

```
    BYTE notUsed;             //预留字节
}CAN_Get_Power_State;
```

（4）返回阅读器 ID 信息

```
typedef struct
{
    BYTE stationNum;          //分站号(1 字节)
    BYTE msgCode;             //消息码(1 字节)<CUP_PAN_ROUTER_ID>
    BYTE longAddr[2];         //64 位长地址后 16 位(2 字节)<高位存储>
    BYTE shortAddr[2];        //无线随机短地址(2 字节)
    BYTE routerNum;           //读卡器号(1 字节)
}CAN_Router_Id;
```

（5）获取电子标签数据实现代码

```
Public void getReader()
{
try
{
comm.CommandText = " select * from m_reader where rdnum ='" + Request.QueryString["
objid"].ToString() + "'";
        rd = comm.ExecuteReader();
while(rd.Read())
        {
            readerid.Value = rd["readerid"].ToString();
                regname.Value = rd["regname"].ToString();
                readertype.Value = rd["readertype"].ToString();
                placement.Value = rd["placement"].ToString();
                readerprior.Value = rd["readerprior"].ToString();
                stationid.Value = rd["stationid"].ToString();
                stationid2.Value = rd["stationid2"].ToString();
                commport.Value = rd["commport"].ToString();
    }
        rd.Close();
    }
```

```
        catch(Exception ex)
    {
            divMess.InnerHtml = "发生错误:" + ex.Message;
      }
    }
```

2. 电子标签卡管理

入井工作人员都会配备一个电子标签识别卡,用于记录行走轨迹,每张识别卡都与一个人员相对应,管理界面如图 6-4 所示,结构定义如下。

煤矿信息 区域管理 分站管理 读卡机管理 编码卡管理 部门管理 班次管理 工种管理 用户管理 退出

新增记录 导出到Excel 全部部门 中文/拼音

序号	卡号	员工姓名	单位	类别	最近下井	详细信息	数据操作
1	00810	吕百胜	十一项目部(掘进)	人卡		>>>	编辑 删除
2	05036	李红斌	陕煤安装运营公司	人卡	12-30 17:07	>>>	编辑 删除
3	05087	姚元敏	陕煤安装运营公司	人卡		>>>	编辑 删除
4	05970	高旺宏	十一项目部(掘进)	人卡	02-04 14:23	>>>	编辑 删除
5	05981	NTT122	十一项目部掘进(车辆)	人卡	03-08 07:12	>>>	编辑 删除
6	05983	NTT118	十一项目部掘进(车辆)	人卡	01-06 01:10	>>>	编辑 删除
7	05992	NTT112	十一项目部掘进(车辆)	人卡	01-03 16:46	>>>	编辑 删除
8	05993	NTT096	十一项目部掘进(车辆)	人卡	01-08 14:47	>>>	编辑 删除
9	05996	NTT138	十一项目部掘进(车辆)	人卡	01-05 15:26	>>>	编辑 删除
10	06003	NTT130	十一项目部掘进(车辆)	人卡	11-21 09:25	>>>	编辑 删除
11	06005	NTT102	神南十一项目部(车辆)	车卡		>>>	编辑 删除
12	06610	陈财富	温二井二队	人卡	12-13 11:48	>>>	编辑 删除
13	06706	张　健	温二井二队	人卡	03-07 15:02	>>>	编辑 删除
14	06711	王德武	温二井二队	人卡	03-08 07:47	>>>	编辑 删除
15	06713	雄宗发	温二井二队	人卡	01-05 15:46	>>>	编辑 删除
16	06972	曹智峰	陕煤安装运营公司	人卡		>>>	编辑 删除
17	07083	黄俊武	陕煤安装运营公司	人卡	01-05 09:48	>>>	编辑 删除
18	07100	张军民	陕煤安装运营公司	人卡	01-05 09:49	>>>	编辑 删除
19	07168	李攀峰	陕煤安装运营公司	人卡	01-05 13:21	>>>	编辑 删除
20	07239	NTT363	陕煤安装运营(车辆)	人卡		>>>	编辑 删除

第一页 上一页 1/59 下一页 最后页

Internet | 保护模式: 启用 100%

图 6-4 电子标签卡管理

(1)设备入网结构

```
typedef struct {
uint8  msgCode;31
uint16ieeeaddr;
uint8parentid;
}RFIDJoin;
```

(2)电子标签卡数据存储结构

```
typedef struct {
```

```
    uint8  msgCode;
    uint8  routerId;            //读卡器 ID
    uint16  ieeeaddr;           //识别卡地址
    uint8  temperature_l;       //识别卡温度
    uint8  temperature_h;       //识别卡温度
    uint8  BV;                  //识别卡电池电压
}RFIDState;
```

（3）上报电子标签卡定位信息

```
typedef struct
{
    BYTE stationNum;            //分站号(1 字节)
    BYTE msgCode;               //消息码(1 字节)  <CUP_ED_POSITION>
    BYTE cardNum[2];            //识别卡号(2 字节)<高位开始存储>
    BYTE routerNum;             //读卡器 ID(1 字节)
    BYTE energy;                //能量强度(1 字节)
    BYTE flowNum;               //定位标号(1 字节)
    BYTE sysTime[4];            //时间(4 字节)<6 字节的时间转换为 4 字节传送>
}CAN_Ed_Position;
```

（4）获取阅读器实时数据实现代码

```
Public void getRfid()
{
string temReaderState = "";
comm.CommandText = "select readercode,regname ,placement,state,(select count( * )as reacou from m_rfid f inner join m_reader r on f.readerid = r.readerid and r.isvalid = 1 and r.isshow = 1 where((r.readertype = 1 and f.state in(1,2,3,5))or(r.readertype in(0,2,3))) and f.isvalid = 1 and f.isshow = 1 and f.rftype = 0 and r.readerid = '" + context.Request["objid"] + "')as reacou,(select count( * )as rfidcount from m_reader r inner join m_rfid f on r.readerid = f.readerid and f.isvalid = 1 and f.isshow = 1 and f.rftype = 0 where ((r.readertype = 1 and f.state in(1,2,3,5))or r.readertype in(0,2,3))and r.isvalid = 1 and r.isshow = 1 and r.regname = (select top 1 regname from m_reader where isvalid = 1 and readerid = '" + context.Request["objid"] + "'))as regcou from m_reader where readerid = '" + context.Request["objid"] + "' and isvalid = 1";
```

```
    rd = comm.ExecuteReader();
    if(rd.Read())
    {
    builder.Append(rd["readercode"] + "号读卡机位置:" + rd["placement"] + "[" + rd
["readcou"].ToString() + "人]</br> <span style='cursor:hand;' onclick=\"open-
DetailWindow('regxq','" + rd["regname"] + "')\">所在区域:" + rd["regname"] + "[" + rd
["regcou"].ToString() + "人]</span>");
            temReaderState = rd["state"].ToString();
        }
        rd.Close();
        builder.Append("||");
    comm.CommandText = " select  f.rfid, f.username, f.state as rfidstate, f.intime,
f.inminetime,f.depid,m_dep.depname,m_duty.dutyname,f.status,f.dir,f.distance from m_
rfid f left outer join m_dep on f.depid = m_dep.depid left outer join m_duty on f.dutyid = m
_duty.dutyid  inner join m_reader r on r.readerid = f.readerid and r.isvalid = 1 and
r.isshow = 1 and(r.readertype in(0,2,3)or(r.readertype = 1 and f.state in(1,2,3,5)))
where f.readerid ='" + context.Request["objid"] + "' and f.isvalid = 1 and f.rftype = 0
order by f.depid ";
        rd = comm.ExecuteReader();
    while(rd.Read())
    {
    builder.Append("<tr bgcolor='" + GlFun.colorAr[num++ % 2] + "'><td>" + num
+ "</td><td " + GlFun.setAlarmBgColor(rd["status"].ToString()) + ">" + Gl-
Fun.formatUserName(rd["username"].ToString()) + "</td><td>" + rd["rfid"].ToString
() + "</td><td>" + rd["depname"] + "</td><td>" + rd["dutyname"] + "</td>
<td>" + GlFun.getHTValue(rd["dir"].ToString(),1,GlFun.DirHT) + (Convert.IsDBNull(rd
["distance"])? "":(rd["distance"].ToString() + "米")) + "</td><td>" + Gl-
Fun.getRfidState(GlFun.getRfidStateCode(rd["rfidstate"].ToString(),temReaderState)) +
"</td></tr>");
    }
    builder.Append("</table>");
    rd.Close();
    }
```

3. 分站管理

每个分站都有安装地址、IP地址、分站编号等设置，实现如图6-5所示，其定义的通信结构如下。

图6-5 分站管理

(1)分站初始化

```
typedef struct
{
    BYTE msgCode;            //消息码(1字节)<CDN_INIT>
    BYTE stationNum;         //分站号(1字节)
}CAN_Init_Station;
```

(2)索取分站设备状态

```
typedef struct
{
    BYTE msgCode;            //消息码(1字节)<CDN_GET_DEVINFO>
    BYTE stationNum;         //分站号(1字节)
}CAN_Get_DevInfo;
```

(3)控制分站轮询消息

```
typedef struct
{
    BYTE msgCode;            //消息码(1字节)  <CDN_SET_STATION_STATE>
```

```
    BYTE stationBeSet;        //设置分站(1字节)
    BYTE stationLevel;        //分站级别(1字节)<1:1网3CAN 2:1CAN->2CAN 3:终端
                                分站>
    BYTE isPolled;            //是否轮询(1字节)<0:不轮询 1:轮询>
    BYTE pollMsgNum;          //轮询包数量(1字节)
}CAN_Set_Station_State;
```

(4)获取分站实时状态

```
Public void getStation()
{
    SqlConnection conn = new SqlConnection(GlFun.getConnStr());
    SqlCommand comm = new SqlCommand();
    comm.Connection = conn;
    conn.Open();
    try
    {
    comm.CommandText = " select * from m_station where stationid ='" + HttpUtili-
    ty.UrlDecode(Request.QueryString["objid"].ToString()) + "'";
    SqlDataReader rd = comm.ExecuteReader();
    while(rd.Read())
    {
    stationid.Value = rd["stationid"].ToString();
    stationplace.Value = rd["stationplace"].ToString();
    psid.Value = rd["psid"].ToString();
    stationtype.Value = rd["stationtype"].ToString();
    addTime.Value = rd["addtime"].ToString();
    }
    rd.Close();
    }
    catch(Exception ex)
    {
    divMess.InnerHtml = "发生错误:" + ex.Message;
    }
    Finally
```

```
{
conn.Close();
}
}
```

三、人员信息管理模块实现

人员信息的实现包括人事信息、部门信息、班次信息和工种设置等，实现如图6-6、图6-7、图6-8、图6-9所示。

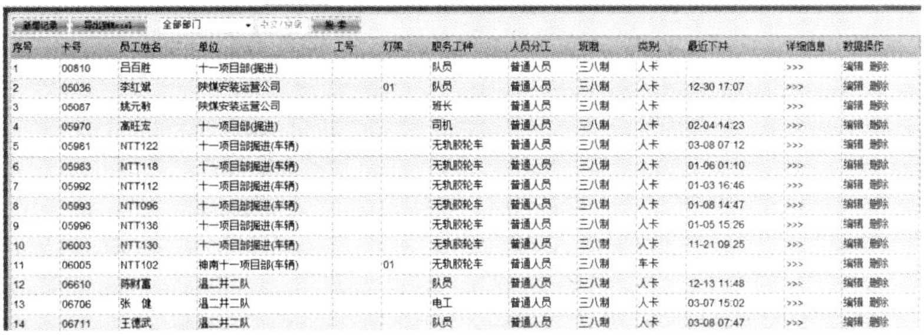

序号	卡号	员工姓名	单位	工号	灯架	职务工种	人员分工	班制	类别	最近下井	详细信息	数据操作
1	00810	吕百胜	十一项目部(掘进)			队员	普通人员	三八制	人卡		>>>	编辑 删除
2	05036	李红斌	陕煤安装运营公司		01	队员	普通人员	三八制	人卡	12-30 17:07	>>>	编辑 删除
3	05087	姚元敏	陕煤安装运营公司			班长	普通人员	三八制	人卡		>>>	编辑 删除
4	05970	高旺宏	十一项目部(掘进)			司机	普通人员	三八制	人卡	02-04 14:23	>>>	编辑 删除
5	05981	NTT122	十一项目部掘进(车辆)			无轨胶轮车	普通人员	三八制	人卡	03-08 07:12	>>>	编辑 删除
6	05983	NTT118	十一项目部掘进(车辆)			无轨胶轮车	普通人员	三八制	人卡	01-06 01:10	>>>	编辑 删除
7	05992	NTT112	十一项目部掘进(车辆)			无轨胶轮车	普通人员	三八制	人卡	01-03 16:46	>>>	编辑 删除
8	05993	NTT096	十一项目部掘进(车辆)			无轨胶轮车	普通人员	三八制	人卡	01-08 14:47	>>>	编辑 删除
9	05996	NTT138	十一项目部掘进(车辆)			无轨胶轮车	普通人员	三八制	人卡	01-05 15:26	>>>	编辑 删除
10	06003	NTT130	十一项目部掘进(车辆)			无轨胶轮车	普通人员	三八制	人卡	11-21 09:25	>>>	编辑 删除
11	06005	NTT102	神南十一项目部(车辆)		01	无轨胶轮车	普通人员	三八制	车卡		>>>	编辑 删除
12	06610	陈财富	温二井二队			队员	普通人员	三八制	人卡	12-13 11:48	>>>	编辑 删除
13	06706	张　健	温二井二队			电工	普通人员	三八制	人卡	03-07 15:02	>>>	编辑 删除
14	06711	王德武	温二井二队			队员	普通人员	三八制	人卡	03-08 07:47	>>>	编辑 删除

图 6-6　人事管理

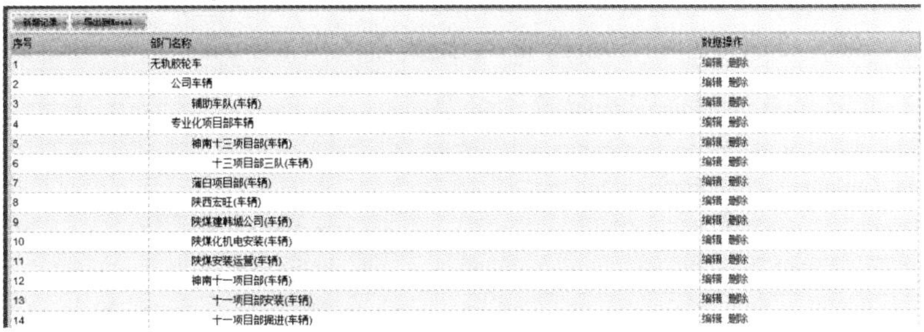

序号	部门名称	数据操作
1	无轨胶轮车	编辑 删除
2	公司车辆	编辑 删除
3	辅助车队(车辆)	编辑 删除
4	专业化项目部车辆	编辑 删除
5	神南十三项目部(车辆)	编辑 删除
6	十三项目部三队(车辆)	编辑 删除
7	蒲白项目部(车辆)	编辑 删除
8	陕西宏旺(车辆)	编辑 删除
9	陕煤建韩城公司(车辆)	编辑 删除
10	陕煤化机电安装(车辆)	编辑 删除
11	陕煤安装运营(车辆)	编辑 删除
12	神南十一项目部(车辆)	编辑 删除
13	十一项目部安装(车辆)	编辑 删除
14	十一项目部掘进(车辆)	编辑 删除

图 6-7　部门管理

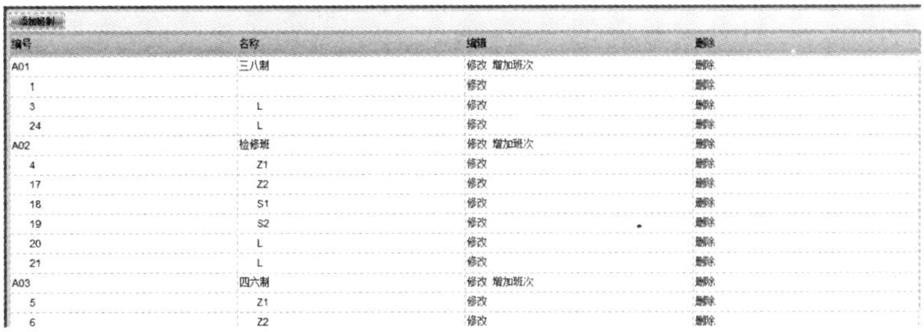

编号	名称	编辑	删除
A01	三八制	修改 增加班次	删除
1		修改	删除
3	L	修改	删除
24	L	修改	删除
A02	检修班	修改 增加班次	删除
4	Z1	修改	删除
17	Z2	修改	删除
18	S1	修改	删除
19	S2	修改	删除
20	L	修改	删除
21	L	修改	删除
A03	四六制	修改 增加班次	删除
5	Z1	修改	删除
6	Z2	修改	删除

图 6-8　班次管理

新增记录 导出到Excel

序号	工种名称	干部标识	数据操作
1	钻工	职工	编辑 删除
2	总经理	干部	编辑 删除
3	综掘司机	职工	编辑 删除
4	综掘机司机班长	职工	编辑 删除
5	综采	职工	编辑 删除
6	助理工程师	干部	编辑 删除
7	主席	干部	编辑 删除
8	主任工程师	干部	编辑 删除
9	主任	干部	编辑 删除
10	值班领导	干部	编辑 删除
11	支架工	职工	编辑 删除
12	支护工	职工	编辑 删除
13	站长	职工	编辑 删除
14	杂工	职工	编辑 删除
15	运输司机	职工	编辑 删除
16	验收员班长	职工	编辑 删除
17	信息站站长	干部	编辑 删除
18	信息员	职工	编辑 删除

图 6-9　工种管理

四、报警模块实现

报警是系统重要部分,及时有效的报警能够提醒管理员迅速做出反馈。报警显示主要有报警界面提示和语音报警,如图 6-10 所示。报警界面可以设置报警提示行为、报警声音播报方式和报警提示类型。

目前监控系统报警声音大部分是将报警的内容进行提前录制为 wav 文件保存到系统工程中,当发生需要报警的情况,根据文件名调用相应的 wav 文件发出报警声音。这种方法简单,但是无法满足报警多样化的要求,因此采用 TTS 语音合成技术将报警信息组合成对应的文字,然后转换合成为语音文件进行播报。文字转语音合成实现报警主要有设备通信失败、人员工作超时、识别卡电池电量不足等几类。例如,当某员工工作超时时,可以用"员工姓名+工作超时"作为报警语音进行播报,实现代码如下:

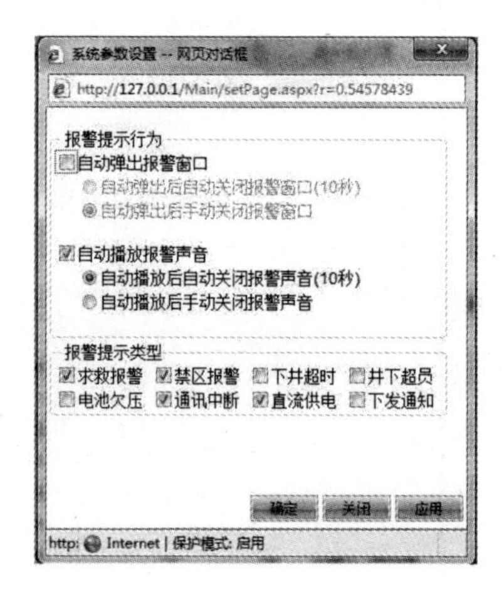

图 6-10　报警设置

(1)引入命名空间

```
using SpeechLib;
```

(2)文字合成 wav 文件

```
public void ProcessRequest(HttpContext context
{
    context.Response.ContentType = "text/plain";
    string speechText = context.Request["speechText"];
        string   fileName   FormsAuthentication.HashPasswordForStoringInConfigFile
        (speechText,"MD5") + ".wav";
    string filePath = HttpRuntime.AppDomainAppPath + "wavs\\" + fileName;
    if(File.Exists(filePath) = = false)
    {
        context.Response.Write("../inc/alarm.wav");
    }
        else
            context.Response.Write("../wavs/" + fileName);
}
```

(3)声音播报

```
function chS(st)
{
    isT = true;
    if(top.document.getElementById("yuyinico"))
    top.document.getElementById("yuyinico").className = "icon-volume-active";
    $.ajax({
        type:"POST",
        url:"../active/speech.ashx",
        cache:false,
        dataType:"text",
        timeout:10000,
        data:{ "speechText":st },
        success:function(wavpath){
```

```
                tPlayer.setSrc(wavpath);
            },
            complete:function(){
              isT = false; //
    }
        });
    }
```

五、数据查询模块实现

数据查询主要包括实时列表查询、模拟图查询。要实现列表查询，当网页上显示的信息不断地变化，需要通过刷新来实现，如图 6－11 所示。

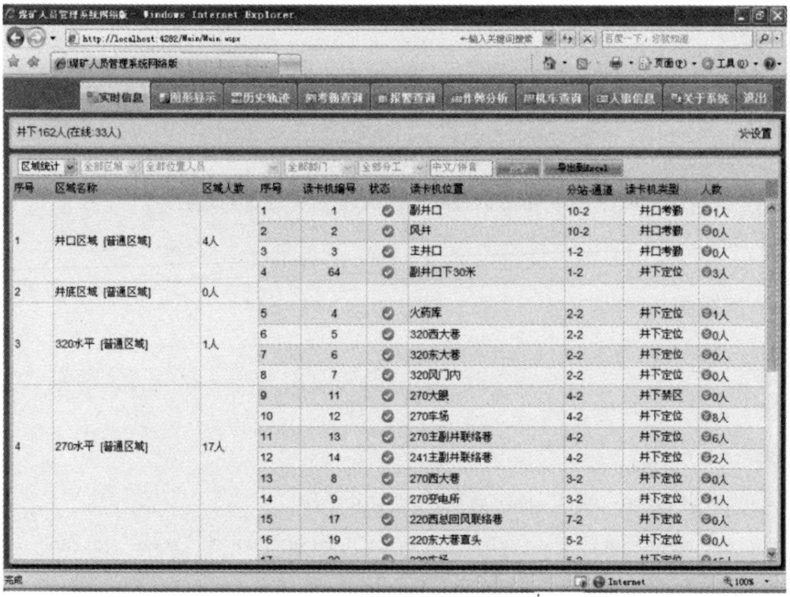

图 6－11　数据查询主界面

目前最流行和常用的是 Ajax 技术。实时刷新功能用到人员当前位置、设备当前状态等模块，实现方式如下。

(1)定义

```
var detailXMLHTTP = new ActiveXObject("Microsoft.XMLHTTP");
```

(2)定时调用

```
function detailTimer(){
        detailTimerObj = setTimeout("detailTimer()",5000);
        if(detailXMLHTTP. readyState = = 4 || detailXMLHTTP. readyState = = 0){
            getdetailInfo();
        }
    }
```

(3)更新函数

```
function updatePage()
{
    if(detailXMLHTTP. readyState = = 4){
        if(detailXMLHTTP. status = = 200){
        try {
            var temArr = new Array();
            temArr = detailXMLHTTP. responseText. split("||");
            document. all. headinfo. innerHTML = temArr[0];
                document. all. tabHead. innerHTML = temArr[1];
            document. all. realdata. innerHTML = temArr[2];
            catch(e){ alert(e. description); }
            }
            else if(detailXMLHTTP. status = = 404){
                alert("detailXMLHTTP URL does not exist");
        }
        else {
            alert("Error:status code is " + detailXMLHTTP. status);
        }
    }
}
```

(4)当前监测区域信息统计实时显示实现

区域实时显示如图 6 - 11 所示,其中区域人数、状态、阅读器编号和人数都是通过该技术实现自动刷新,没有任何闪屏和延时等问题。

六、实时二维图形的嵌入、显示及轨迹回放

图 6 - 12 表示所有监测点和阅读器的分布以及监测点阅读器的工作状态。若阅读器处于运行状态，则双击某识别码的阅读器，即可显示该阅读器有效范围内在线人员的信息。

图形采用 VisualMine 绘图工具完成，将煤矿 AutoCAD 原图导入 VisualMine，经过修改后保存为 xml 格式文件，嵌入人员定位系统程序中，通过调用定义好的接口函数，实现人员或读卡机状态的实时显示及人员轨迹回放。

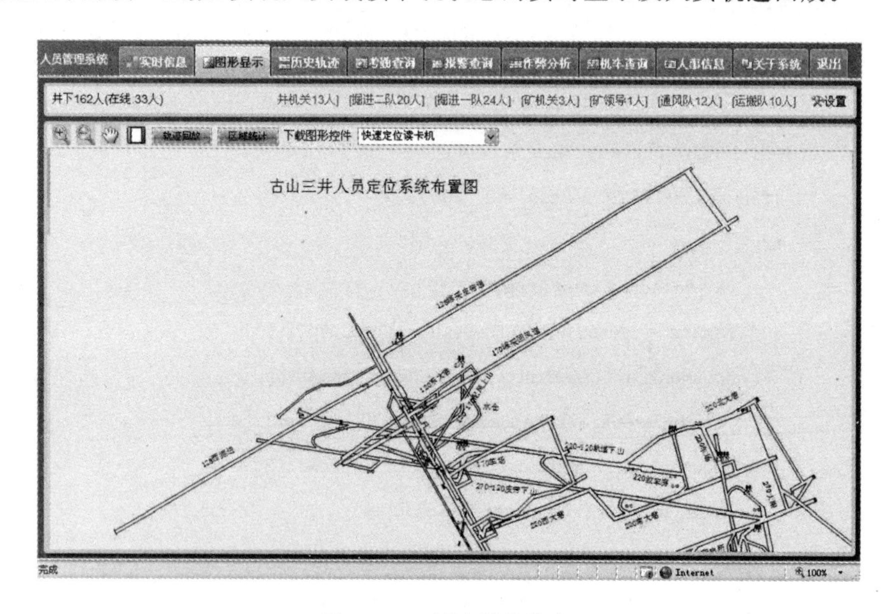

图 6 - 12　阅读器的分布

(1)XML 格式地图文件导入

XML 需要保存到项目工程指定的文件夹下，导入 kjmap. xml 函数如下：

```
public void ProcessRequest(HttpContext context)
{
    try
    {
        context. Response. ContentType = "text/xml";
        context. Response. ContentEncoding = Encoding. GetEncoding("UTF - 8");
        string temStr = File. OpenText(System. Web. HttpContext. Current. Server. MapPath("
```

```
kjmap.xml")).ReadToEnd();
        temStr = temStr.Replace("</sheet>","<programe> private function
        OnMouseWheel(Sender,Forward)
           if(Forward = true and Zoom&lt;10)then
               Zoom = Zoom + 1;
           else if(Zoom&gt;1)then
               Zoom = Zoom - 1;
           end if end function
      </programe></sheet>");
    context.Response.Write(temStr);
    }
    catch(Exception exc)
    {
    context.Response.Write("0");
    }
}
```

(2)轨迹回放

轨迹回放功能可以通过查询历史数据表,通过定义人员编号和规定的时间段,在二维图上动态展现人员工作时行走的实际路线,轨迹回放具有加速、暂停等功能,如图 6-13 所示。

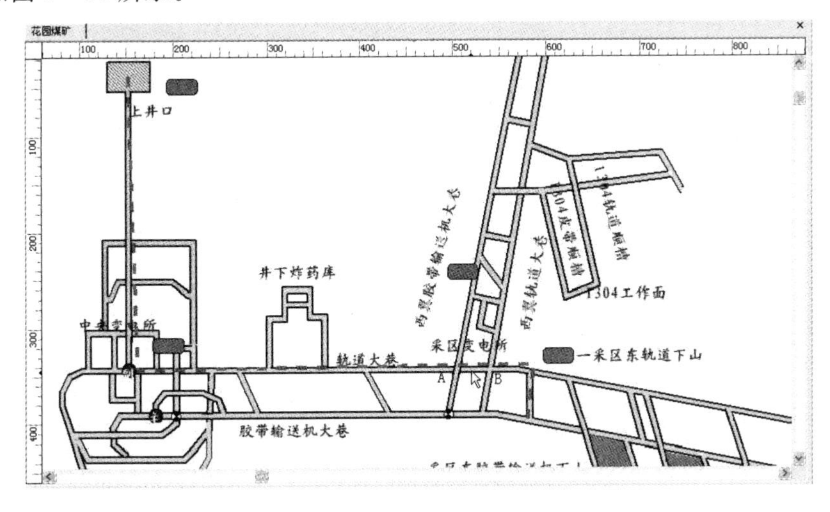

图 6-13 轨迹回放实现

轨迹回放设置函数如下所示：

```
function setTrackTimer()
{
    setTimeout("setTrackTimer()",300)
    try {
        if(typeof(document. all. tab_Body)! = "undefined")
        {
            if(isPause = = false&&currentIndex>2)
            {
                isfl = parent. document. vgctrl. Execute ( " isfl = false; per =
        trackLayer. UnitByName('person');
            p = point(per. left,per. top);viewtoclient(p);if(p. x<0 or p. y<0 or p. x>
            clientwidth or p. y>clientheight) then; isfl = true; end if;return isfl;");
            if(isfl)
            {
                parent. document. vgctrl. Execute("per = trackLayer. UnitByName('person');
                ScrollToCenter(per. left,per. top);");
                }
    }
    readerno = parent. document. vgctrl. Execute("return trackLayer. UnitByName('定时器 1')
. Enable")
    if(readerno = = false&&isPause = = false)
    {
        if((currentIndex + 1)< = parseInt(tab_Body. rows. length))
        {
            tab_Body. rows(currentIndex). className = "selection_tr";
        tab_Body. rows(lastIndex). className = "";
        if(lastReader! = "")
        {
            parent. document. vgctrl. Execute("trackLayer. run('" + lastReader + "," +
        tab_Body. rows(currentIndex). cells[1]. id + "')");
        }
        lastIndex = currentIndex;
```

```
        lastReader = tab_Body. rows(currentIndex). cells[1]. id;
        currentIndex + + ;
        document. all. realdata. scrollTop = (currentIndex - 3) * 26;
        }
        else if(form1. ckb1. checked)
        {
            rePlay();
        }
    }
        }
    }
    catch(e){}
```

第二节　系统测试

为保证系统的可靠性与可用性，在煤矿井下人员管理系统软件设计完成后对系统开展了严密的测试，其目的是发现软件在整个设计过程中可能存在的问题并及时地加以纠正。测试主要从性能测试及功能测试两个层面开展测试，通过编写测试计划及测试用例减少测试的随意性保证测试效果。

一、性能测试

开展软件性能测试，其主要目的有以下三点：

1. 客观评价系统性能，判断系统是否能够达到预期的性能；

2. 寻找可能存在的性能问题，发现系统性能瓶颈并给出解决问题的建议；

3. 判定软件系统的性能表现，预见系统负载压力和承受力，在应用投入生产环境之前，评估系统性能。

煤矿井下人员管理系统作为一个基于 Web 的 B/S 架构应用程序，性能是评价其质量的一个重要组成部分。为了验证系统是否达到既定的性能指标，系统部署完成后使用 HP LoadRuner 工具对系统开展了性能测试。以其中一项测试为例其性能测试用例见表 6 - 1 所列。

表 6-1 用户登录性能测试用例

脚本名称	数据查询	程序版本	Ver 1.0
用例编号	MKCS-03-05	模块	查询
测试目的	1. 测试“数据查询”典型业务的并发能力及并发情况下的系统响应时间； 2. 测试查询业务处理的 TPS； 3. 测试不同并发压力下(10 用户并发至 1000 用户并发)情况下服务器的资源使用情况如 CPU、MEM、I/O		
特殊说明	性能指标参考标准： 1. 按照预期用户 2000 人计算； 2. 基于第一条预期人数，并发用户数是实际在线用户数的 5%～10%，则并发用户数最大为 2000×10%，约 200 人； 3. 考虑到用户体验，非 SSL 连接方式访问系统时，95%的平均响应时间上限应小于 3 秒		
前提条件	系统部署完成，且存在>10 万条测试数据		
步骤	操作	是否设置并发点	事务名称
1	在浏览器输出查询关键字(随机生成)	是	输入查询
2	单击“查询”按钮		
3	显示查询页面		

依据上述测试用例，使用 HP LoadRuner 模拟测试了 10 个并发用户至 100 个并发用户对系统进行查询的场景，测试结果见表 6-2 所列。

表 6-2 模拟 10－100 并发测试结果

并发用户数	吞吐率(reqs/s)	请求等待时间(ms)	请求处理时间(ms)
10	945.08	171.911	0.871
50	1012.47	298.543	0.814
100	1235.82	601.291	0.805

测试结果可见吞吐量较为稳定，随着并发人数的增加吞吐率少量递增，符合一般规律，请求等待时间与请求处理时间相加的情况下，10 并发用户平均响应时间约为 170 毫秒，约 0.2 秒，100 并发用户下平均响应时间约为 600 毫秒，约 0.6 秒远低于要求的小于 3 秒的平均响应时间，系统性能能够达到预期。

二、功能测试

功能测试就是参照软件需求分析对产品已经实现的各功能进行验证，验证中需要制订功能测试用例，逐项测试，检查产品是否达到用户要求的功能。煤矿井下人员管理系统功能测试涵盖了页面链接检查、相关性检查、特殊字符检查、重复提交检查等共23个测试点。同样以数据查询功能为例，其测试用例见表6－3所列：

表6－3　数据查询功能测试用例

功能模块	测试项目	测试的具体内容	测试方法与步骤	测试的预期结果	测试的实际结果
数据查询	1	数据有效性	输入非法字符，如“＜”“＞”“＝”等	系统能排除非法字符干扰	达到预期目标
	2	输入范围测试	输入超长文本，如1024个“1”	输入框本身应对文本录入做限制	达到预期目标
	3	输入空字符	全部文本框清空后提交	提示请选择查询条件	达到预期目标
	3	提交查询	点击“查询”，提交查询	提交成功，显示查询结果	达到预期目标

在系统功能性测试过程中，邀请了煤矿实际工作人员参与测试，经过测试发现了一些与预期效果不符合的功能点，特别是实际工作人员操作习惯与软件开发人员的操作习惯有很大的区别，界面设计、提示做得不到位的话容易引发误操作，在测试过程中发现这些问题后通过及时的沟通，做出了必要的调整，为提高系统易用性与稳定性奠定了基础。

总　　结

煤矿井下人员定位系统是计算机先进技术在煤矿生产管理中的具体应用，是煤矿实现信息化管理的基础平台。本文以硬件设计和软件设计为两条主线，从理论设计和系统实现两个层面完整阐述系统开发设计的过程和环节。主要探讨了无线定位技术、定位系统的需求分析、定位系统的开发设计、系统的实现与测试等方面的内容。为矿业技术人员进行人员定位系统开发设计提供一个基础的解决方案。《煤矿井下人员定位系统的研究》回答了怎样建立一个煤矿井下人员定位系统，而没有提出怎样建立一个好的煤矿井下人员定位系统。一个好的煤矿井下人员定位系统有 5 个方面的衡量指标：(1)系统的定位精度，(2)工作可靠性，(3)使用便捷性，(4)系统的功能，(5)成本投入。这些指标是相互制约的，例如：追求高的定位精度，就会使得定位算法复杂，定位节点电池能耗增加，经常需要更换电池，因而降低了系统的可靠性；强化系统的功能，就要增加相应的软硬件，使系统变得复杂庞大，故障率上升，系统的可靠性也会降低，使用便捷化难以实现，同时增加了成本。一个适用对路的好的煤矿井下人员定位系统是要根据矿井的具体情况，综合平衡 5 个方面的因素来选择设计开发的方案，要通过反复的实验调试达到至高的性价比。这一点对我们从事设计、开发、调试的技术人员来讲，是一个非常重要的理念。伴随着无线定位技术、计算机技术、网络技术等相关技术的发展和进步，煤矿井下人员定位系统也会更加完善，这需要广大科技工作者的关注、深入的研究和辛勤的付出。在撰写本专著的过程中得到同事的帮助和企业专家提供的数据。在此表示感谢！由于本人水平有限，专著中的阐述肯定会有不妥之处，欢迎读者批评指正。

参考文献

[1] 2012 年全球煤炭产量近 80 亿吨．中国电力报[N]. 2013 - 07 - 19.

[2] 王海生．2013 年国内煤炭生产安全事故统计分析[J]. 中州煤炭,2014,9.

[3] 苏静,吴桂义．煤矿井下人员定位系统现状与发展趋势[J]. 内蒙古煤炭经济,2012,18(3):31 - 33.

[5] 谭华,陈宇华,林克．基于物联网的行业应用发展思路分析[J]. 广东通信技术,2010 - 11 - 15.

[6] 郭勇．煤矿井下作业人员管理系统现状及剖析[J]. 城市建设理论研究(电子版),2013.

[7] Junru Zhou,Hongjian Zhang,Lingfei Mo. Two-dimension Localization of Passive RFID tags using AOA estimation[C]. In:Pracedings of 2011 IEEE Instrumentation and Measurement Technology Conference,Binjiang,China,2011,15(2):511 - 515.

[8] 谭文群．基于 ZigBee 技术的煤矿井下人员定位考勤系统的设计[J]. 煤矿安全,2007,17(3):26 - 28.

[9] 李睿．基于 ZigBee 技术的矿山井下人员定位系统的设计与研究[D]. 衡阳:南华大学,2016.

[10] 蒋峰,张凌涛．WIFI 技术在矿井远程监控系统中的应用[J]. 煤矿安全,2010,(03):125 - 128.

[11] Liu X,Huang J S,Chen Z. The human positioning system based on the WiFi Direct and Precision Time Protocol[C]// Transportation,Mechanical,and Electrical Engineering(TMEE),2011 International Conference on. IEEE,2011:1580 - 1584.

[12] 赵阳．基于 ZigBee 技术的井下人员定位系统的研究[D]. 阜新:辽宁工

程技术大学,2013.

[13] 马雷雷. 基于无线传感网络的井下人员定位系统的研究[D]. 秦皇岛:燕山大学,2015.

[14] Masashi Sugano, Tomonori Kawazoe, Masayuki Murata. Indoor Localization System Using RSSI Measurement of Wireless Sensor Network Based on Zigbee Standard [D]. IEEE Infocom 2006,200 - 205.

[15] 植宇. 基于 ZigBee 网络的井下人员定位技术研究[D]. 太原:太原科技大学,2015.

[16] 刘大名. 基于井下人员定位的煤矿安全系统的研究与实现[D]. 合肥:中国科学院大学,2014.

[17] Girod L, Estrin D. Robust range estimation using acoustic and multimodal sensing[C]. IEEE International Conference on Intelligent Robust and Systems,IEEE:2007.

[18] Paul A Ergen. Comparison of WiFi positioning on two mobile devices [J]. Journal of Location Based Services,2012, 6(1):1 - 16.

[19] 胡中栋,曹季. 改进的无线传感器网络 DV - Hop 定位算法[J]. 计算机与现代化,2014,11:5 - 8.

[20] 百度文库 KJ236——煤矿井下人员定位与跟踪系统《互联网文档资源(http://wenku. baidu. com/view/f2a65d14866fb84ae45c8dd2. html),2014 - 2 - 5 5:05:57

[21] 路军,基于 ASP. NET 技术的高校门户网站设计与实现[D]. 大连:大连理工大学,2007.

[22] 江聪. 基于 .net 的临沂房车视频网的设计与实践[D]. 济南:山东大学,2009.

[23] 董鹏永. 基于 RFID 的矿井人员定位系统应用研究[D]. 焦作:河南理工大学,2008.

[24] 王丹,陈娆. RFID 技术在蔬菜冷链中的应用[J]. 经济师,2010 - 12 - 05.

[25] 刘宇. 矿井人员定位、管理、搜救系统的设计[D]. 北京:北京邮电大学,2008.

[26] 郑文波,阳宪惠,徐用懋,等. 现场总线技术综述[J]. 机械与电子,1997 - 09 - 30.

[27] Yimin Zhang, Moeness G, Amin, et al. Localization and Tracking of Passive RFID Tags Based on Diection Estimation[J]. International Joumal of Antennas and Propagation, 2007, 32(4): 1024 - 1028.

[28] 冯冬芹,金建祥,周小文,等. Ethernet 与现场总线[J]. 国内外机电一体化技术,2003,20(6):33 - 35.

[29] 乔海晔,陈友莲. 基于 CSS 通讯的隧道施工人员定位系统[J]. 工业控制计算机,2012 - 08 - 25.

[30] 陆端. RFID 技术在矿井人员定位中的应用研究[D]. 镇江:江苏大学,2007.

[31] Cory Hekimian Williams, Bramdon Grant, Xiuwen Liu, et al. Accurate localization of RFID Tags Using Phase Difference [C]. RFID, 2010 IEEE International Conference on, 2010, 23(2): 89 - 96.

[32] Jeonid Bolotnyy, Gabried Robins. The Case for Multi-Tag RFID Systems[J]. International Conference on Wireless Algorithms Systems and Applications, 2007, 8(2): 174 - 186.

[33] 莫晓明. 楼宇自控系统中基于以太网的 DDC 的开发与设计[D]. 南京:南京工业大学,2005.

[34] Kaus Finkenzeller,著. 射频识别(RFID)技术[M]. 陈大才,编译. 北京:电子出版社,2001.

[35] 柯建华. 基于 RFID 与 CANR 的煤矿井下人员定位系统研究[D]. 北京:北京交通大学,2006.

[36] Jongho Park, Min Young Chung, Member. Idntification of RFID Tags in Framed-Slotted ALOHA with Robust Estimation and Binary Selection[J]. IEEE Communications letters, 2007, 7(3): 12 - 15.

[37] Chen Xi, Harry H, Felice B. Formal Verification for Embeded System Design[J]. Design Automationfor Embeded System, 2003, 8(4): 139 - 153.

[38] 王仁兴. 基于 RFID 技术的矿井人员定位系统研究与实现[D]. 湘潭:湘潭大学,2013.

[39] 郝玲艳. 射频识别技术在矿井监控与定位系统中的应用[D]. 曲阜:曲阜师范大学,2007.

[40] 蔡秀莉. 构建基于 WEB 的高校院系级网上办公综合管理信息系统[D].

西安:西北工业大学,2004.

[41] 胡晓健.矿井综合安全监控系统的设计与研究[D].合肥:合肥工业大学,2004.

[42] 李婧.江西赣州稀土矿矿山管理信息系统开发研究[D].北京:中国地质大学,2007.

[43] 康琳.基于ZigBee技术的矿井无线定位系统设计[D].太原:太原科技大学,2008.